“十三五”国家重点图书出版规划项目

画说三农书系

画说棚室西葫芦绿色生产技术

中国农业科学院组织编写

唐玉海　崔香菊　彭佃亮　贾令鹏　编著

U0306564

中国农业科学技术出版社

图书在版编目（CIP）数据

画说棚室西葫芦绿色生产技术 / 唐玉海等编著 . —北京：
中国农业科学技术出版社，2019.1
　ISBN 978-7-5116-3785-7

　Ⅰ . ①画… Ⅱ . ①唐… Ⅲ . ①西葫芦—蔬菜园艺—图
解 Ⅳ . ① S642.6-64

中国版本图书馆 CIP 数据核字 (2018) 第 156688 号

责任编辑	闫庆健　王思文
文字加工	鲁卫泉
责任校对	马广洋

出 版 者	中国农业科学技术出版社
	北京市中关村南大街 12 号　邮编：100081
电　　话	（010）82106632（编辑室）（010）82109702（发行部）
	（010）82109709（读者服务部）
传　　真	（010）82106650
网　　址	http://www.castp.cn
经 销 者	各地新华书店
印 刷 者	北京富泰印刷有限责任公司
开　　本	880mm×1230mm　1 /32
印　　张	4.75
字　　数	115 千字
版　　次	2019 年 1 月第 1 版　2019 年 1 月第 1 次印刷
定　　价	32.00 元

序言

《画说『三农』书系》

农业、农村和农民问题，是关系国计民生的根本性问题。农业强不强、农村美不美、农民富不富，决定着亿万农民的获得感和幸福感，决定着我国全面小康社会的成色和社会主义现代化的质量。必须立足国情、农情，切实增强责任感、使命感和紧迫感，竭尽全力，以更大的决心、更明确的目标、更有力的举措推动农业全面升级、农村全面进步、农民全面发展，谱写乡村振兴的新篇章。

中国农业科学院是国家综合性农业科研机构，担负着全国农业重大基础与应用基础研究、应用研究和高新技术研究的任务，致力于解决我国农业及农村经济发展中战略性、全局性、关键性、基础性重大科技问题。根据习总书记"三个面向""两个一流""一个整体跃升"的指示精神，中国农业科学院面向世界农业科技前沿、面向国家重大需求、面向现代农业建设主战场，组织实施"科技创新工程"，加快建设世界一流学科和一流科研院所，勇攀高峰，率先跨越；牵头组建国家农业科技创新联盟，联合各级农业科研院所、高校、企业和农业生产组织，共同推动我国农业

科技整体跃升，为乡村振兴提供强大的科技支撑。

组织编写《画说"三农"书系》，是中国农业科学院在新时代加快普及现代农业科技知识，帮助农民职业化发展的重要举措。我们在全国范围遴选优秀专家，组织编写农民朋友用得上、喜欢看的系列图书，图文并茂展示先进、实用的农业科技知识，希望能为农民朋友提升技能、发展产业、振兴乡村做出贡献。

中国农业科学院党组书记 张合成

2018 年 10 月 1 日

内容提要

《画说棚室西葫芦绿色生产技术》

本书以图文并茂的形式系统介绍了西葫芦从育苗技术、设施栽培技术到主要病虫害防治及保鲜贮藏等技术。内容包括：西葫芦栽培的生物学基础，不同温室的选址与建造，西葫芦优良品种介绍，不同茬口的温室大棚西葫芦栽培管理技术，西葫芦主要病虫害等的识别与防治，采后处理、储藏、运输和营销等。该书以图解的形式介绍了西葫芦栽培管理的方法、常见病虫害的为害症状等，读者能够快速掌握温室大棚西葫芦栽培的技术关键。书中的文字描述通俗易懂；栽培管理技术来源于生产实践，实用性强；所用图片拍摄于田间大棚，针对性强，便于蔬菜种植户、农村基层干部以及农技推广人员学习掌握，农业院校相关专业师生也可阅读参考。

《画说棚室西葫芦绿色生产技术》受到了潍坊科技学院和"十三五"山东省高等学校重点实验室设施园艺实验室的项目支持，在此表示感谢！

目 录

第一章 绪 论

第一节 西葫芦名称的由来

西葫芦，葫芦科南瓜属在山东、山西、河南、河北等地都有种植，为南瓜的一种。别名茄瓜、熊(雄)瓜、白瓜、小瓜、番瓜、角瓜、筍瓜等。原产印度，中国南方、北方均有种植。西葫芦有清热利尿、除烦止渴、润肺止咳、消肿散结等疗效。

第二节 西葫芦起源与传播

西葫芦原产北美洲西南部和墨西哥西北部。据考证，早在公元前 7000－5500 年，于墨西哥的他马里巴斯 (Tamaulpas) 一个洞窟内被发现有数粒西葫芦的种子。其后，在公元 100－760 年还出土了西葫芦的果柄。在哥伦布发现新大陆之前，西葫芦已在墨西哥北部到美国的西南部广泛栽培了。现在西葫芦已分布于世界各地，尤以意大利、法国、德国等栽培为多。我国古代无西葫芦种植，在明代以前的史书中均无记载。它是随着海运交通的逐渐发展后，间接地由欧洲经海道而传入的，大概在 16 世纪从福建、浙江传入我国，在 19 世纪中叶有较大面积的种植主要分布于我国的西北和华北，其他地区较少栽培。形状有圆筒形、椭圆形和长圆柱形等多种。嫩瓜与老熟瓜的皮色有的品种相同，有的不同。嫩瓜皮色有白色、白绿、金黄、深绿、墨绿或白绿相间；老熟瓜的皮色有白色、乳白色、黄色、橘红或黄绿相间，可谓是彩色蔬菜。在分类学上，西葫芦是葫芦科南瓜属中叶片少有白斑，果柄五棱形的一个栽培种。据戚春章的报道，我国入库保存的西葫芦有 389 份，主要分布在华北 (51.6%) 和西北 (23.5%)，其他地方少有分布。另据报道，野生

南瓜种 *C.martinezzi* Beiley 一年生具很强的抗南瓜病毒病特性，*C.lundelliana* Beiley，多年生具很强抗白粉病特性，这两种具高抗性的野生材料可作为抗病育种抗源材料。

第三节　西葫芦在我国的发展

　　西葫芦栽培历史虽然短，但由于它的适应性较强，栽培技术简单，单位面积产量高，所以露地栽培面积迅速扩大。因而在消费者眼中，只知道它是一种便宜的大路货，特别是在经济困难时期，更是一种充饥的、价廉的蔬菜。当 20 世纪 90 年代初，蓬勃发展起来的塑料棚及日光温室席卷我国北方大地之时，西葫芦以它适应性强、耐寒、抗病、高产的特点跻身于保护地之中，其种植面积迅速扩大，在不少省、市成为重要蔬菜种类之一。西葫芦以其果色多样、品质鲜嫩的优良特性进入了高档餐厅和百姓的饭桌，成为蔬菜市场上不可或缺的产品了。当我们走近西葫芦时又发现，它的家族成员不仅有我们在市场上看到的少数几个品种，实际上西葫芦是一个大家族。从植物学来看，在西葫芦种内还可分为西葫芦亚种、珠瓜亚种、野生亚种，各亚种内还可分为若干变种。有的学者根据食用情况把其分为 6 个种群：①球形种群。蔓生长旺盛，有大型黄色或橙黄色的果实。形状为扁圆或椭圆形，有纵向条沟，果皮较光滑。②蝶形种群。无蔓丛生，果实扁平，边缘如贝壳状。做馅用时果皮要嫩些。可食用和观赏。③曲颈种群。短蔓丛生。果实橙黄色或白色，全身有瘤状物，颈部长而弯曲。④棒状种群。短蔓丛生或长蔓。果实为棍棒状，果柄处变细。⑤直颈种群。有短蔓丛生和长蔓 2 种。果实为短棍棒状，有多条纵向沟。夏季采收嫩果，也可采收成熟果。⑥酸浆果 (橡树果) 种群。短蔓丛生或长蔓。果实中等，果实形状似酸浆果或橡树果，并有深条沟。还有的学者把它分为 8 个主要食用群，其中 6 个群体的果实在幼嫩时可食用，而另 2 个群体用于成熟果实的生产 (Paris，1986)。此外，还有不少西葫芦品种，只供观赏而不可食用，则不在其列。在 20 世纪 50 年代前后，我国菜农已利用风障、玻璃、草帘、苇毛苫、纸帽、泥碗、纸被等简易覆盖，进行西葫芦的早熟栽培。例如，北京郊区在 3 月上旬至下旬将西葫芦播种于阳畦中，于 4 月下旬定植在风障前，5 月下旬便可收获。从定植到开花约 25 天，从开花到采收约 15 天。第 1 朵雌花着生在第 6~7 叶的叶腋间，较露地栽培提早 10~20 天成熟。当时采用的大多是长蔓类型的品种，如河北省的长蔓西葫芦、天津的大西葫芦、江西的绿皮西葫芦等，这些品种生育期长，蔓长 2.5~3 米，单瓜重 2~3 千克，高者可达 5 千克。另外，还种植有少量的矮蔓类型品种，如北京的一窝猴、天津的矮秧西葫芦、黑龙江的白皮叶三等，此类品种生育期短，植株茎蔓短，直立性强，单瓜重 0.5~1.5 千克，但群体混杂，推广面积很小。特别值得一提的是，自 1966 年开始推广从阿尔及利亚引入的花叶西葫芦，因其具有植株矮小，适于密植，结瓜早而多，抗寒耐旱，肉质细嫩等突出优点，得到大面积推广。直至 20 世纪 80 年代中、后期，随着育种工作的进步，西葫芦杂种一代也进入了市场，早青、阿太、阿兰等杂种一代的出现，更适应了塑料大棚和日光温室兴起的品种多样化的要求，从而一改往日傻、大、粗的形象，西葫芦以皮色鲜艳、肉质脆嫩、食用方法多样的新型形象，进入了一个崭新发展时期。随着市场需求的扩大，一大批国外良种被引入中国市场，近年我国从法国、意大利、美国、以色列、韩国等国，引入了黄色、乳白色、墨绿色、浅绿色，适于生食、炒食的新型品种。我国育种工作者也在这一形势下，急起直追，开展了多方面的育种研究，培育出很多新品种，如中葫 3 号、京葫 2 号、长绿等。栽培技术也取得了很大进步，除露地种植外，大、中、小塑料棚及日光温室等多种保护地栽培形式得到了大发展，特别是日光温室长季节栽培更创造出突破历史的高产记录，如河北省南和县的高产温室，每亩产量达到了 8500 千克。生产者利用矮秧早熟的早青一代品种，延长生长期，采用吊蔓栽培等措施，居然使瓜蔓长逾 1.7 米以上，叶片数在 40 片以上，单株采果超过 20 个。目前，西葫芦在保护地瓜类中，栽培面积已成为仅次于黄瓜的重要蔬菜。在普通老百姓的餐桌上，几乎一年四季都可以吃到鲜嫩可口的西葫芦。

第四节　西葫芦生产的重要性

西葫芦是城镇和乡村人们喜欢的一类瓜果蔬菜，含有较多的维生素 C、葡萄糖等其他营养物质，尤其是钙的含量极高。不同品种每 100 克可食部分（鲜质量）营养物质含量如下：蛋白质 0.6~0.9 克，脂肪 0.1~ 0.2 克，纤维素 0.8~0.9 克，糖类 2.5~3.3 克，胡萝卜素 20~40 微克，维生素 C 2.5~9.0 毫克，钙 22~29 毫克。其具有除烦止渴、抗癌防癌、润肺止咳、消肿散结等疗效。因此，对于西葫芦育种研究和栽培方式的研究相当必要。

中医认为西葫芦具有清热利尿、除烦止渴、润肺止咳、消肿散结的功能。可用于辅助治疗水肿腹胀、烦渴、疮毒以及肾炎、肝硬化腹水等症。具有除烦止渴、润肺止咳、清热利尿、消肿散结的功效。

西葫芦对烦渴、水肿腹胀、疮毒以及肾炎、肝硬化腹水等症具有辅助治疗的作用；能增强免疫力，发挥抗病毒和肿瘤的作用；能促进人体内胰岛素的分泌，可有效地防治糖尿病，预防肝肾病变，有助于增强肝肾细胞的再生能力。

西葫芦富含蛋白质、矿物质和维生素等物质，不含脂肪，还含有瓜氨酸、腺嘌呤、天门冬氨酸等物质，且含钠盐很低，有清热利尿、除烦止渴、润肺止咳、消肿散结等疗效。

西葫芦含有丰富的维生素和水分，经常食用在为人体补充所需维生素的同时，还能够让皮肤更加的水润有光泽。对皮肤暗黄的人群来说是一道美容的佳品。

西葫芦含有丰富的纤维素，能够促进胃肠的蠕动，加快人体的新陈代谢。对人体排毒养颜，预防治疗便秘有很好的作用。

西葫芦含有一种抗干扰素的诱生剂，能够提高人体免疫力，调节人体新陈代谢，达到减肥、抗病毒的作用。

西葫芦籽的热量较高，蛋白质，铁和磷含量丰富。属于低嘌呤、低钠食物，对痛风、高血压病人有重要功效，糖尿病患者可以多食、常食。

第五节 西葫芦生产现状、存在的问题及发展对策

一、生产发展现状

西葫芦作为大路菜在我国广泛栽培，由于西葫芦适应性强和消费量大，在设施蔬菜栽培中，成为总产仅次于黄瓜的主要果菜之一，目前中国西葫芦种植面积大约 33.5 万公顷，主要产地在山东陵县、潍坊寿光、淄博临淄、日照五莲、聊城莘县；河南、河北南和县、山西西安阎良区、甘肃和辽宁等省份。其中山东日照五莲的许孟镇被中国农学会命名为"中国西葫芦第一镇"，"临淄"西葫芦于 2013 年获得国家地理标志商标。籽用西葫芦的产地有黑龙江省富锦市、林口县；内蒙古自治区的临河市和五原县；甘肃省武威市和庆阳市；新疆维吾尔自治区的奇台县。还有一些科研单位在西葫芦育种方面做出了巨大的成就，比如北京市农林科学院蔬菜研究中心、山西省农业科学院蔬菜研究所。目前为止，西葫芦栽培集成技术在山东、山西、甘肃和河北等地方得到了大力推广，为中国西葫芦优质高产提供了支持。

二、生产存在问题

（一）种子市场不规范

西葫芦种子经销商家众多，但种子来源渠道不同，种子多名，同名异种，种子质量参差不齐，种子市场的混乱使种子质量无法保证，农民购种无所适从，种子质量事故时有发生，影响了西葫芦生产的正常发展。市场上的西葫芦砧木品种也有数百个，许多品种介绍较为笼统，稳定性一般，加大了育种的选择难度，设施西葫芦专用品种的选择力度有待加强。选育的新品种推广应用与高产配套技术的研究不能同步进行，各项措施不能落实到位，有良种 没有好的栽培方法。

由于西葫芦品种的多样性，一方面对西葫芦有了多样选择，但另一方面也给农民选种带来一定困难，且不利于西葫芦产业的发展。一是由于各种品种的生长成熟期不同，品种的多样性和复

杂性，不利于全区西葫芦整体品质的一致性，西葫芦品质容易遭到损害。二是由于品种多，随着种植户种植习惯的养成，优质高效的种子未能深入人心，容易导致市场拓展面不宽。

（二）农民素质与产业化程度低

由于多年种植，农户习惯于凭借自身积累的种植经验，对种植的新技术接纳度不高，导致西葫芦科学种植新技术在农户中较难广泛应用。技术推广仍然存在主要依靠区级技术部门，农民"土专家"的作用发挥不够。种植西葫芦所需种子、农资成本较高，受自然灾害影响的风险较大且育苗、移栽、人工授粉、管理程序需要较多的劳力和一定的技术，这与当前劳动力素质不高的问题形成了较大矛盾。在产销方面，虽然个别地区组建了西葫芦协会，协调产、供、销关系，但总体上西葫芦生产仍为一家一户的小规模生产，农民的组织化程度低，市场信息不灵，运销队伍缺乏，销售渠道不畅，大部分西葫芦产品靠农民自己就近销售。农户对西葫芦种植过程中的农药残留超标认识不足，对农药种类、用量、使用日期安全间隔期等认识不足，为了追求产量，化肥超量使用情况存在严重，忽视了产品的安全性。

（三）新老基地与品种更新不能正常衔接

西葫芦栽培中存在连作障碍问题，在生产上老基地存在的根腐病和线虫等病害严重、垄作倒茬困难；新基地、新品种、新技术推广难，周期长，形不成产供销良性循环。而且在生产上品种更新要求快，而科研上长期受几个主栽的品种的影响，从而造成新的科研成果难以及时推广应用。

（四）种质资源缺乏

根据戚春章等报道，目前我国入库保存的西芦资源共 398 份。从资源分布情况看主要集中在华北（51.6%）、西北（23.5%），其他地区较少。我国现搜集的 398 份资源，远不能满足育种目标多样性的需要，况且这些保存下来的多数资源材料未做鉴定和评价。

与其他作物相比，西葫芦资源相对比较贫乏，且入库的资源有的仍是同种异名，或同种不同地域驯化的结果，因此，遗传特性非常接近。同时由于近年来优良品种的推广应用，使得很多相形见绌的地方品种逐步从生产中消失，有的在原产地濒临绝迹。因此，针对目前现状，应对这些种质资源尽快进行鉴定评价，并不断引进国外新的种质资源，尽力挽救地方资源，并通过远缘杂交和转基因技术等手段创新育种材料，为西葫芦育种不断地提供新的基因源，拓宽育种基础和提高育种水平。

三、发展对策

（一）加大科技创新力度

要集中科技力量，加强科技攻关。根据西葫芦生产季节、栽培方式和栽培用途等选育特色品种，如早春设施栽培的专用品种，延迟栽培专用品种。在大力开展西葫芦杂交优势育种和常规育种及选育新品种应用于生产的基础上，开展西葫芦标准化栽培技术研究：①工厂化育苗技术研究；②合理群体结构与整枝留瓜技术研究；③生长期间的温度调控技术研究；④设施栽培中肥水技术研究；⑤生产过程中病虫害防治技术研究；⑥与蔬菜、棉花、粮食等作物的 高产、高效主体种植模式的研究等。

（二）创新产、加、销一体化模式

西葫芦产业的发展必须在区域化、规模化种植和生产过程标准化的同时，逐步做到销售形式的组织化。只有实施销售形式的组织化，才能促进产业的优化升级，在推动西葫芦产业化过程中，可采取"公司＋基地＋农户"的模式或产销合作组织，据在寿光市的调查，寿光市瓜菜产销合作组织尽管形式多样，但都坚持以市场为导向，以企业为龙头，实行以龙头带基地、基地联农户的组织形式，把农民一家一户的小生产联合起来，形成了社会化商品生产。产销合作组织通过优质服务，在农户与客户之间建立起稳定的产销关系，有效地解决了生产与销售脱节的问题，规模化生产中各产区已经形成一定的销售网络和固定客户，产加销一体

化的产销合作组织 逐步增多，同时还要吸引大公司，大企业参与南瓜、西葫芦产业，形成产、加、销一条龙的格局，特别是 龙头企业和产品加工带动生产的发展，把瓜农、企业的利益有机结合，形成利益共享、风险共担。

（三）推广良种和标准化生产

一是要大力推广优良品种 优质西葫芦均要求外观漂亮，商品性好，瓜形整齐一致，无畸形，嫩瓜皮色光亮，果面清洁，无病虫为害，无机械伤痕，耐贮运等；二是要推广优质高效标准化栽培技术 在栽培设施上，安装好大棚，推广工厂化育苗技术，提高西葫芦成苗率和秧苗素质，推广测土配方施肥，少施化肥，多施有机肥的施肥技术，推广无公害病虫害防治技术等。在推广优质高效标准化栽培技术的同时，按照绿色食品和无公害食品的要求，生产绿色无公害嫩西葫芦产品，提高产品的科技含量，提高产区信誉，创品牌，积极组织产地、产品认证，申办使用无公害产品和绿色食品标志。

（四）完善质量标准化体系

要尽快建立生产质量和生产技术标准化体系，组织标准化生产，政府加强对优质无公害西葫芦质量安全的全程监控，尽快树立起西葫芦品牌意识，对优质西葫芦生产基地的产品要给予政策性扶持，逐步实现西葫芦优质优价，不断提高经济效益和社会效益。

（五）加强科技示范基地建设

建立科技示范基地，构筑研究与示范推广之间的桥梁，是加大新技术、新成果的引进、开发和技术培训的有效途径，通过建设示范基地，形成西葫芦新品种、新技术的样板，注意充分发挥示范基地的带动作用，促进西葫芦新品种新技术的推广应用。

（六）科技培训，提高素质

加强农民科技培训，广泛实施农民教育培训工程，不断拓宽农民获取科学知识的渠道，让更多的农民掌握现代农业生产技术，提高科学种植水平，重点抓好农民技术员和科技示范带头户的培训，从而提高西葫芦从业人员的整体素质。同时还要注重提高农技推广人员素质，农技人员的素质直接关系到科技推广服务的水平，关系到农民经济效益的提高，要通过继续教育、岗位培训、进修考察等多种形式，加强农技人员的培训和科技交流，提高农技队伍的专业技能，拓宽服务领域，延长服务链条，以便更好、更快地促进西葫芦产业快速发展。

第六节　西葫芦种子市场现状及发展趋势

一、西葫芦种子的供需经历的 3 个阶段

（一）卖方市场阶段

我国西葫芦在 20 世纪 60 – 70 年代，主要是农家品种和常规品种的零星种植，种植面积小育种单位也很少，直至 1983 年山西农业科学院蔬菜所培育出早青一代西葫芦新品种，20 多年来无论露地还是保护地，多数均沿用早青一代。全国西葫芦种子主要经营单位是山西省农业科学院蔬菜所和山西省种子公司，这一时期，西葫芦种子市场一直处在"卖方市场"，经销商都是现金预定，这一阶段山西省西葫芦的供种量占全全国用种量80%以上。

（二）推销阶段

随着产业结构的调整，日光节能温室的栽培已成为我国农业主导化产业之一，西葫芦种植遍布全国各地，茬口由原来的单一的春提早发展到秋延后、越冬茬种植，基本实现了周年生产，面积在逐年扩大。20 世纪 80 年代中后期开始规模商品生产，为了满足生产对杂交种迅速增长的需求，80 年代末 90 年代中期相继

培育出一批优良的杂交种。如甘肃省兰州市西固区农技站1989年育成的阿兰一代，山东省济南市农业科学研究所1994年育成的济南大花叶，山西省太谷县蔬菜种子有限公司育成的银青一代等占据了一定市场份额，此阶段只要是新品种，种植户和经销商就愿意接受，处于西葫芦种子的推销阶段，但由于品种没有大的突破，这阶段的新品种在市场中都没有占据主导地位，80%以上的西葫芦生产所用种子还是早青一代。

（三）市场营销阶段

进入21世纪，市场上对西葫芦新品种的需求达到了高峰，在企业和科研单位的共同努力下，不仅加速了优良杂交品种的推广，满足了生产的需求，也促使了西葫芦种业的繁荣。同时国外的西葫芦杂交种开始进入我国市场，如韩国的汉城早熟、美国的碧玉、法国的冬玉等。但经过20世纪90年代末21世纪初的几年新品种大战，由于许多单位盲目追求短期效益，压低收购价，低价销售，极大地损害了制种户的利益，制种户得不到应有的利润而使杂交种的质量随之下降，形成恶性循环。同时，也造成了一些优良杂交种由于价格原因造成库存，新品种得不到应有的经济效益，结果是国外品种凭借过硬的品种和高质量的服务，尤其是法国冬玉、美国碧玉西葫芦品种，逐步成为日光温室的主导品种。国内推出的诸多品种主要在春提早生产市场各分市场，但没有一个品种成为主导品种，相反早青一代尽管生产中存在问题，但依靠早熟性好、稳产、皮色符合多数地区消费习惯，仍然是春提早栽培中各地久胜不衰的品种。一方面暴露了我国最近几年所选育的品种稳定性不过硬，另一方面农民对西葫芦新品种不再盲目相信，再推出的西葫芦新品种必须利用现代市场营销手段，才能占有市场，从而使西葫芦种子市场进入了市场营销阶段。

二、我国西葫芦新品种育种现状

我国西葫芦育种研究基础薄弱，开展西葫芦育种研究的单位较少，主要有中国农业科学院蔬菜花卉研究所、山西省农业科学院蔬菜研究所，山西省农业科学院棉花研究所及一些种子企业和个人等。先后从以下 3 方面选育出不同类型的西葫芦新品种。

（一）围绕早青一代选育出的新品种

早青一代是山西省农业科学院蔬菜所 1983 年培育的西葫芦品种，直至现在我国多数地区仍然以早青一代作为主栽品种，其突出的特点是：早熟性好，植株长势适中，易于管理，适应性广，产量稳定，瓜色浅绿色上覆花纹，耐运输，符合多数地区的消费习惯。其缺点是：抗病性差，后期早衰，瓜色采收后期容易变为深花皮，严重影响商品性。近年来，许多种子企业开始渗入西葫芦种子选育领域，或独立或和科研单位联合选育，推出的西葫芦新品种，多数是针对早青一代在生产中的缺点作为选育目标。通过对其父母本或一个亲本进行提纯或株选后重新配组，或者利用其中一个亲本，选配另一个亲本配组，各地相继推出了一些各具特色的优良组合。如山西省种子公司的晶莹系列、山西省农业科学院棉花所的长青王系列、中国农业科学院蔬菜花卉研究所的中葫系列、北京市农林科学院蔬菜研究中心的京葫系列等等。这些品种应用推广对促进我国西葫芦生产的发展起了重要的作用，同时也存在一些问题。有的解决了早青一代皮色较深的缺点，但丰产性不如早青一代；有的丰产性提高了，但瓜色不如早青一代，整体水平都在早青一代上下徘徊。

（二）新类型的品种选育

为了满足市场对西葫芦的多样化要求，一些单位还选育出不同形状和颜色的西葫芦新品种。如西北农林科技大学园艺学院蔬菜花卉研究所育成的飞碟形的银碟一号，中国农业科学院蔬菜花卉研究所育成的香蕉西葫芦（中葫 2 号），山西省农业科学院棉花所育成的可以生调的、长棒形绿皮的晋西葫芦一号，北京市农林科学院蔬菜研究中心育成的圆球形京珠西葫芦等。这些品种有的已经大面积应用生产，既丰富了西葫芦的资源，满足了人们对西葫芦特菜的需求，同时还作为各地观光农业的主要蔬菜品种之一。

（三）和国外水平相当的西葫芦新品种选育

随着国外品种的引进和种植户对国外品种的认可，各育种单位和种子企业开始广泛征集和利用国外资源进行新品种的选育。主要集中在法国冬玉、纤手、美国4094等优良品种的后代分离提纯。山西省农业科学院棉花所西葫芦育和滩且率先通过用国外杂交种和本地优良亲本杂交，配制成3交种，利用瓜色和叶形的遗传规律，结合山西南部无霜期长的特点，周年3代在不同生态区穿梭自交纯合和配组，首先培育出和国外品种水平相当的东葫1号、2号、3号系列优良西葫芦新品种，其长势、抗逆性（耐低温、耐弱光）及瓜的商品性都达到了国外水平，而在早熟性上超过了国外品种，克服了国内品种后期容易早衰的弊病，受到示范户的普遍好评。

三、 西葫芦品种市场的发展趋势

（一）保护地栽培，抗逆性是关键。

在冬春季栽培西葫芦，由于其生长期长，要求品种耐低温，耐弱光，采收期长，生长后期不衰，同时瓜色要求鲜嫩美观。国外引进的品种如：法国冬玉、美国碧玉等生长势强，耐低温，瓜色为白绿色，冬春季生产由于商品菜价值高，各地运输时都进行了塑网或纸袋包装，克服了白绿色瓜皮易磕碰，不耐运输的弊病，加之其产量高和抗逆性强，因此目前在市场上，尽管国外品种的种子价格是国内品种的10多倍。今后这类型品种仍然在保护地栽培中占主要市场，因此科研单位应加强开展耐低温、耐弱光抗逆性育种。

（二）春提早栽培早熟、耐运输是关键。

从发展趋势看，西葫芦的商品性越来越受到人们的关注，花皮由于耐运输、符合多数地区消费习惯，在很长时间里仍以浅花皮、长棒形品种为主，生产中急需早熟、采收后期瓜色不变深或不变浅的花皮、产量高且稳的品种。

（三）彩色稀有品种将越来越受到人们的欢迎

当今社会人们追求饮食保健，食用生的鲜嫩蔬菜，以保持天然营养成分成为时尚和潮流。人类的经济发展，食用文化的发展基本是相同的。发达国家今天的现状，就是我们明天的榜样。20世纪 90 年代开始，彩色西葫芦以其外观艳丽，可刺激食欲，不仅可炒食，而且可以生食，营养价值又比普通西葫芦高，受到人们特别的青睐。由观赏、少有人购买，伴随着人们认识水平的提高，进入市场，一跃成为高档蔬菜，走上人们的餐桌，已成为各地超市蔬菜专柜的宠儿，市场行情非常看好。随着我国西葫芦育种的水平提高，西葫芦品种的细分成为必然，所选品种不仅要早熟性好，而且要采收期长、抗病性、抗逆行强，产量高，品质优。目前良莠不分的"春秋战国"，时代将由各种专用性品种占据不同的细分市场，国产西葫芦种子的价格上升、国外品种价格下跌是必然趋势。

第二章　西葫芦栽培的生物学基础

第一节　西葫芦的植物学特征

西葫芦为一年生草质藤本(蔓生)，有矮生、半蔓生、蔓生三大品系。多数品种主蔓优势明显，侧蔓少而弱。主蔓长度：矮生品种节间短，蔓长通常在50厘米以下，在日光温室中有时可达1米(因生长期长)；半蔓生品种一般约80厘米；蔓生品种一般长达数米。具叶卷须，属攀援藤本，但常匍匐生长(矮生品种有的直立)。单叶，大型，掌状深裂，互生(矮生品种密集互生)，叶面粗糙多刺。叶柄长而中空。有的品种叶片绿色深浅不一，近叶脉处有银白色花斑。

西葫芦根系发达，主要根群深度为10~30厘米，侧根主要以水平生长为主，分布范围为120~210厘米，吸水吸肥能力较强。对土壤条件要求不严格，就是种植在旱地或贫瘠的土壤中，也能正常生长，获得高产。但是根系再生能力弱，育苗移栽需要进行根系保护。

花单性，雌雄同株。花单生于叶腋，鲜黄或橙黄色。雄花花冠钟形，花萼基部形成花被筒，花粉粒大而重，具粘性，风不能吹走，只能靠昆虫授粉。雌花子房下位，具雄蕊但退化，有一环状蜜腺。单性结实率低，冬季和早春昆虫少时需人工授粉。雌雄花最初均从叶腋的花原基开始分化，按照萼片、花瓣、雄蕊、心皮的顺序从外向内依次出现。但雄花形成花蕾时心皮停止发育，雄蕊发达；雌花则在形成花蕾时雄蕊停止发育，而心皮发达，进而形成雌蕊和子房。

瓠果，形状有圆筒形、椭圆形和长圆柱形等多种。嫩瓜与老熟瓜的皮色有的品种相同，有的不同。嫩瓜皮色有白色、白绿、金黄、深绿、墨绿或白绿相间；老熟瓜的皮色有白色、乳白色、黄色、橘红或黄绿相间。每果有种子300~400粒，种子为白色或淡黄色，长卵形，种皮光滑，千粒重130~200克。寿命一般4~5年，生产利用上限为2~3年。

第二节　西葫芦的生长发育周期

西葫芦的生育周期大致可分为发芽期、幼苗期、初花期和结瓜期4个时期。不同时期有不同的生长发育特性。发芽期从种子萌动到第一片真叶出现为发芽期。此时期内秧苗的生长主要是依靠种子中子叶贮藏的养分，在温度、水分等适宜条件下，需5~7天。子叶展开后逐渐长大并进行光合作用，为幼苗的继续生长提供养分。当幼苗出土到第一片真叶显露前，若温度偏高、光照偏弱或幼苗过分密集，子叶下面的下胚轴很易伸长如豆芽菜一般，从而形成徒长苗。幼苗期从第一片真叶显露到4~5片真叶长出是幼苗期，大约需25天。这一时期幼苗生长比较快，植株的生长主要是幼苗叶的形成、主根的伸长及各器官（包括大量花芽分化）形成。管理上应适当降低温度，缩短日照，促进根系发育，扩大叶面积，确保花芽正常分化，适当控制茎的生长，防止徒长。培育健壮的幼苗是高产的关键。既要促进根系发育，又要以扩大叶面积和促进花芽分化为重点，只有前期分化大量的雌花芽，才能为西葫芦的前期产量奠定基础。初花期从第一雌花出现、开放到第一条瓜（即根瓜）坐瓜为初花期。从幼苗定植、缓苗到第一雌花开花坐瓜一般需20~25天。缓苗后，长蔓型西葫芦品种的茎伸长加速，表现为甩支，短蔓型西葫芦品种的茎间伸长不明显，但叶片数和叶面积发育加快。花芽继续形成，花数不断增加。在管理上要注意促根、壮根，并掌握好植株地上、地下部的协调生长。具体栽培措施上要适当进行肥水管理，控制温度，防止徒长，同时创造适宜条件，促进雌花的数量和质量的提高，为多结瓜打下基础。结果期从第一条瓜坐瓜到采收结束为结果期。结果期的长短是影响产量高低的关键因素。结瓜期的长短与品种、栽培环境、管理水平及采收次数等情况密切相关，一般为40~60天。专家提示：在日光温室或现代化大温室中长季节栽培时，其结瓜期可长达150~180天。适宜的温度、光照和肥水条件，加上科学的栽培管理和病虫害防治，可达到延长采收期、高产、高收益的目的。

第三节 西葫芦生长对环境条件的要求

一、温度

西葫芦为喜温性蔬菜。为瓜类蔬菜中较耐寒而不耐高温的种类。生长期最适宜温度为20~25℃，15℃以下生长缓慢，8℃以下停止生长。30~35℃发芽最快，但易引起徒长。种子发芽最适温度25~30℃，最低温度为13℃，20℃以下发芽率低，低于12℃、高于35℃不能发芽。开花结果期要求15℃以上，发育适温22~33℃。根系伸长的最低温度为6℃，但一般大棚温室应保持12℃以上才能正常生长。夜温8~10℃时受精果实可正常发育。

二、光照

西葫芦对光照的要求比黄瓜高，大棚温室冬季光照弱，西葫芦开花较晚。属于短日照植物，苗期短日照有利于增加雌花数，降低雌花节位，节叶生长也正常。在结瓜期，晴天强光照，有利于坐瓜，不易化瓜，并能提高早期产量。

三、水分

由于根系强大，吸收水分能力强，比较耐旱。但根系水平生长较多，叶片大，蒸腾作用强，连续干旱也会引起叶片萎蔫，长势弱，容易出现花打顶和发生病害，因此对土壤湿度要求较高，但不宜过高，防止病害发生。冬季生产时应注意控制水分，促根控秧，适当抑制茎叶生长，促进根系向深层发展，为丰产打下基础。特别是在结瓜期土壤应保持湿润，才能获得高产。高温干旱条件下易发生病毒病；但高温高湿也易造成白粉病。

四、土壤

对土壤要求不严格，砂土、壤土、黏土均可栽培，土层深厚的壤土易获高产。但是不耐盐碱，适宜的土壤酸碱度为pH值

5.5~6.8。对矿质营养的吸收能力以钾最多，氮次之，其次是钙和镁，磷最少。在有机质多而肥沃的砂质壤土种植更易获得高产、优质品。

五、授粉

西葫芦为雌雄异花受粉作物，在棚室栽培条件下，须进行人工授粉。授粉时间应在每日 9：00 - 10：00 进行，授粉时要采当天开放的雄花，去掉花冠，将雄花的花蕊往雌花的柱头上轻轻涂抹，即可授上花粉，每朵雄花可授 5 朵雌花。

六、肥料

需肥量较大，生产 1000 千克商品瓜，需肥折合氮 3.9~5.5 千克，五氧化二磷 2.1~2.3 千克，氧化钾 4~7.3 千克。西葫芦的施肥应以有机肥为主，肥料配合上必须注意磷钾肥的供给，特别是结瓜期必须有足够的磷钾肥。

重施基肥，西葫芦茬栽培，为防止冬季低温追肥不及时发生脱肥，应施足底肥，在没有前茬作物占地的情况下，整地前浇透水。当土壤适耕时每亩撒施优质腐熟有机肥 5000~7000 千克、二铵 30~40 千克、尿素 30 千克、硫酸钾或硝酸钾 20~30 千克，深翻 30 厘米，施肥后闭棚升温烤地 5~7 天后再定植，也可用硫磺或百菌清烟雾熏剂熏蒸灭菌效果也很好。

巧施追肥：缓苗后及时浇一水，结合浇水可随水 每亩冲施尿素 10 千克，后控水蹲苗。进入结瓜期，也是冬季气温较低，不利瓜秧生长时期，此期营养生长和生殖生长同时进行，协调好二者关系，平衡施肥是关键，当根瓜开始膨大时结合浇水进行第二次追肥，每亩（1 亩 ≈ 667 平方米。全书同）追施二铵 15~20 千克或氮磷钾复合肥 10~15 千克。追肥时将肥料先溶于水再随水灌于地膜下的暗沟中。灌水后封严地膜加强放风排湿。

进入盛果期，肥水管理非常重要。西葫芦采收频率高，每株可采收 7~9 个果实。15 天左右追肥一次，每次每亩随水冲施尿素或硫酸铵 20~30 千克、或氮磷钾复合肥 35 千克、或饼肥沤制肥液、充分腐熟的人粪尿 10 倍稀释液 400~500 千克。化肥和有机肥交替施用最好。

第三章　西葫芦棚室类型与建造

第一节　日光温室建造场地选择和规划

日光温室生产已经形成产业化，并向集中连片生产发展，需要合理地规划布局。

建造日光温室的场地，必须阳光充足，南面没有高山、树木、高大建筑物等遮光物体，地下水位低，土质疏松，并避开山口、河谷等风道及尘土、烟尘污染地带。最好靠近村庄，交通方便，充分利用已有的水源和电源，以减少投资。

选好地块，平整土地，测准方位，丈量土地面积，绘制田间规划图，然后按图施工。

绘制田间规划图，需先确定温室跨度、高度、长度，计算出前后排温室之间的距离，计算出建造温室的栋数，按缩尺1/50绘制出各栋温室的位置，标明尺寸，即可施工。

例如温室跨度7米，高3.3米，后屋面水平投影1.4米，后墙(土墙，培防寒土)厚度为1.3米，试计算出前后排温室之间的距离。

简便的计算方法是：以温室最高点到地面的垂直距离为基数，以此基数的2倍加1.2~1.3，再减去后屋面水平投影和后墙厚度，所得值为前后排温室之间的距离。

如温室高3.3米，加上卷起草苫直径0.5米，总高度为3.8米，其2倍为7.6米，加1.2~1.3米应为8.8~8.9米，减去后屋面水平投影1.4米，再减去后墙1米，前后排距离(由后排温室前底脚到前排温室后墙根)应为6.1~6.2米。

前后排温室间距，除了考虑不遮荫外，还应考虑挖沟取土培后墙，前后排温室之间早春扣小拱棚配套生产以及温室就地倒茬等因素，这样本例3.3米高、7米跨度的温室前后间距可增加至7.1米，甚至再多一点。东西两栋温室间应设4~6米宽的道路，以便于车辆通行。

第二节　日光温室主要结构与建造

一、立柱式温室大棚主要结构和建造

该大棚适当增加了南北向跨度，提高了棚脊高度，加大了墙体的厚度，加粗了水泥立柱，增强了水泥立柱的强度，有利于安装自动化卷帘机，具有很高的推广价值。

1. 主要结构

棚内地面比棚外地面低50厘米，即棚内面下挖50厘米。大棚总宽11米，后墙高2米，山墙顶高3.5米，墙下体厚2米，墙上体厚1米，走道宽0.8米，种植区宽8.2米。

2. 建造

立柱南北有6排，最后1排立柱高3.8米，挖穴深50厘米，最下面铺设石头或水泥打好基座，防止下陷。将立柱埋牢，地上高3.3米，南北距离第2排立柱2米。第2排立柱高3.6米，地上高3.1米，南北距离第3排立柱2米。第3排立柱高3.1米，地上高2.6米，距离第4排立柱距离2米。第4排立柱高2.2米，地上高1.8米，距离第5排立柱距离2米。第5排立柱高1.2米，地上高0.8米，距离6排立柱0.2米。最南侧为第6排立柱（戗柱），高1.2米，地上长0.82米。采光屋面参考角平均角度24.2°左右，后屋面仰角56.6°左右。距前窗檐6米、4米、2米处和前檐处的切线角度分别是11.3°、14.7°、21.8°和26.6°左右。剖面及棚体结构如图3-1、图3-2所示。

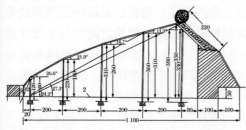

图3-1　寿光立柱式大棚剖面结构（单位：厘米）

图3-2　寿光立柱式大棚

二、无立柱型大棚主要结构和建造

这种大棚的棚体为无立柱钢筋骨架结构，其设计是为了配套安装自动化卷帘机，逐步向现代化、工厂化方向发展。

1. 主要结构

大棚总宽 11.5 米，内部南北跨度 10.2 米，后墙高 2.2 米，山墙高 3.7 米，墙厚 1.3 米，走道宽 0.7 米，种植区宽 8.5 米。仅有后立柱，高 4 米。种植区内无立柱。采光屋面参考角平均角度 26.3° 左右，后屋面仰角 45° 左右。距前窗檐 8 米、6 米、4 米处和 2 米处的切线角度分别是 23.34°、28.22°、34° 和 45° 左右。剖面及棚体结构如图 3-3、图 3-4 所示。

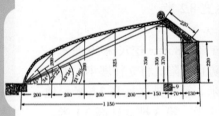

图 3-3 寿光 IV 型大棚剖面结构（单位：厘米）

图 3-4 寿光 IV 型大棚结构

2. 建造

大棚内南北向跨度 11.5 米，东西长度 60 米。大棚最高点 3.7 米。墙厚 1.3 米，两面用 12 厘米砖砌成，墙内的空心用土填实，后墙高 2.2 米。前面为镀锌钢管钢筋骨架，上弦为 15 号镀锌管，下弦为 14 号钢筋，拉花为 10 号钢筋。大棚由 16 道花架梁分成 17 间，花架梁相距 3 米。花架梁上端搭接在后墙锁口梁焊接的预埋的角铁上，前端搭接在设置的预埋件上。两花架梁之间均匀布设 3 道无下弦 15 号镀锌弯成的拱杆上，间距 0.75 米，搭接形成和花架梁一致。花架梁、拱杆东西向用 15 号钢管拉接，前棚面均匀拉接 4 道，后棚面均匀拉接 2 道，前后棚面构成一个整体。在各拱架构成的后棚面上铺设 10 厘米厚的水泥预制板，预制板上铺 40 厘米厚的炉渣作保温层。

三、厚墙体无立柱型大棚主要结构和建造

这种大棚的棚体亦为无立柱钢筋骨架结构，是最新大棚的典型代表。

1. 主要结构

大棚总宽 15.5 米，内部南北跨度 11 米，后墙外墙高 3.1 米，后墙内墙高 4.3 米，山墙外墙顶高 3.8 米，墙下体厚 4.5 米，墙上体厚 1.5 米，走道和水渠设在棚内最北端，走道宽 0.55 米，水渠宽 0.25 米，种植区宽 10.2 米。仅有后立柱，

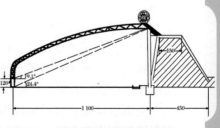

图 3-5　寿光最新大棚剖面结构（单位：厘米）

高 5 米。种植区内无立柱。采光屋面参考角平均角度 26.3° 左右，后屋面仰角 45° 左右。距前窗檐 11 米处的切线角度为 19.1°，距前窗檐垂直地面点 11 米处的切线角度为 24.4°。剖面结构如图 3-5 所示。

2. 建造

确定后墙、左侧墙、右侧墙的地基以及尺寸。大棚内南北向跨度 15.5 米，东西长度不定，但以 100 米为宜。清理地基，然后利用链轨车将墙体的地基压实，修建后墙体、左侧墙、右侧墙，后墙体的上顶宽 1.5 米。修建后墙体的过程中，预先在后墙体上高 1.8 米处倾斜放置 4 块 3 米长的楼板，该楼板底部开挖高 1.8 米、宽 1 米的进出口，后墙体外高 3.1 米，内墙高 4.3 米，墙底宽 4.5 米。后墙、左侧墙、右侧墙的截面为梯形，后墙、左侧墙、右侧墙的上下垂直上口为 0.9 米。

将后墙的上顶部夯实整平，预制厚度为 20 厘米的混凝土层，并在混凝土层中预埋扁铁，将后墙体的外墙面铲平、铲直，铲好后在后墙体的外墙面铺一层 0.06 毫米的薄膜，然后在薄膜的外侧水泥砌 12 厘米砖墙，每隔 3 米加一个 24 厘米垛，垛需要下挖，1∶3 水泥沙浆抹光。

在后墙的内侧修建均匀分布的混凝土柱墩的预埋扁铁上焊接

8 厘米的钢管立柱，立柱地上面高 5 米。在后墙体的内墙面及左侧墙、右侧墙的内、外墙面砌 24 厘米砖墙，灰沙比例 1 ∶ 3，水泥沙浆抹光。沿后墙体的内侧修建人行道，人行道宽 55 厘米，先将素土夯实，再加 3 厘米厚的砼 (混凝土) 层，在混凝土层的上面铺 30 厘米 × 30 厘米的花砖，在人行道的内侧修建水渠，水渠宽 25 厘米、深 20 厘米，水泥沙浆抹光。

在大棚前檐修建宽 24 厘米、高 80 厘米的砖墙，1 ∶ 2 水泥沙浆抹光，在砖墙的顶部预制 20 厘米厚的混凝土层，在混凝土层内预埋扁铁，每隔 1.5 米 1 块。

用钢管焊接成包括两层钢管的拱形钢架，上、下层钢管的中间焊接钢筋作为支撑，上层为直径 4 厘米的钢管，下层为直径 3.3 厘米的钢管，钢筋为 12 号钢筋。将拱形钢架的一端焊接在立柱的顶部，另一端焊接在前檐砖墙混凝土层的扁铁上，拱形钢架与拱形钢架之间用 4 根 3.3 厘米钢管固定连接，再用 26 号钢丝拉紧支撑，每 30 厘米拉一根，与拱形钢架平行固定竹竿。

在立柱的顶部和后墙体顶部的预埋扁铁之间焊接倾斜的角铁，然后在后墙体顶部的预埋扁铁与立柱之间焊接水平的角铁，倾斜的角铁、水平的角铁、立柱形成三角形支架，再在倾斜的角铁外侧覆盖 10 厘米的保温板，在保温板的外侧设置钢丝网，然后预制 5 厘米的混凝土层。

四、寿光半地下式大棚主要结构和建造

1. 主要结构

大棚下挖 1.2 米，总宽 16 米，后墙高 3.3 米，山墙顶 4 米，墙下体厚 4 米，墙上体厚 1.5 米，内部南北跨度 12 米，走道设在棚内最南端 (与其他棚型相反)，走道宽 0.55 米，水渠宽 0.25 米，种植区宽 11.2 米。立柱 6 排，一排立柱 (后墙立柱) 高 5.7 米，地上高 5.2 米，至二排立柱距离 2.4 米。二排立柱高 5.2 米，地上高 4.7 米，至三排立柱距离 2.4 米。三排立柱高 4.6 米，地上高 4.1 米，至四排立柱距离 2.4 米。四排立柱高 3.9 米，地上高 3.4 米，至五排立柱距离 2.4 米。五排立柱高 2.9 米，地上高 2.4 米，至六排立柱距离 2.4 米。

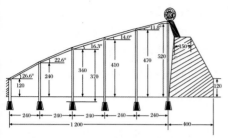

图3-6 寿光半地下大棚剖面结构
（单位：厘米）

六排立柱(戗柱)长1.7米，地上与棚外地面持平，高1.2米。采光屋面参考角平均角度26.5°左右，后屋面仰角45°。距前窗檐0米、2.4米、4.8米处、7.2米和9.6米处的切线角度分别是26.6°、22.6°、16.3°、14.0°和11.8°左右。剖面结构如图3-6所示。

2. 建造

取20厘米以下生土建造大棚墙体。墙下部厚4米，顶部厚1.5米，后墙高3.3米，山尖高4米，大棚外径宽16米。墙体下宽上窄，主体牢固，故抗风雪能力强。后坡坡度约45°，加大了采光和保温能力。在后墙处，先将5.7米高的水泥立柱按1.8米的间隔埋深0.5米，上部向北稍倾斜5厘米，以最佳角度适应后坡的压力。离第一排立柱向南2.4米处挖深0.5米的坑，东西方向按3.6米的间隔埋好高5.2米的第二排立柱。再向南的第三、第四、第五排立柱，南北方向间隔均为2.4米，东西方向间隔均为3.6米，埋深均为0.5米。第三排立柱高4.6米，第四排立柱高3.9米，第五排立柱高2.9米。第六排为戗柱，高1.7米，距第五排立柱2.4米。立柱埋好后，在第一排每一条立柱上分别搭上一条直径不低于10厘米粗的木棒，木棒的另一端搭在墙上，在离木棒顶部25厘米处割深1厘米的斜茬，用铁丝固定在立柱上。下端应全部与后墙接触，斜度为45°，斜棒长度1.5~2米。斜棒固定后，在两山墙外2~3米，挖宽0.7米、深1.2米、长10米的坠石沟，将用8号铁丝捆绑好的不低于15千克的石头块或水泥预制块依次排于沟底，共用90块坠石。拉后坡铁丝时，先将一端固定在附石铁丝上，然后用紧线机紧好并固定牢靠。后坡铁丝拉好后，将大竹竿(拱形架)固定好，再拉前坡铁丝。竹竿上面均匀布设28道铁丝，竹竿下面布设5道铁丝。铁丝拉好后，处理后坡。先铺上一

23

层 3 米宽的农膜，然后将捆好的直径为 20 厘米的玉米秸排上一层，玉米秸上面覆土 30 厘米。后斜坡也可覆盖 10 厘米的保温板。后坡上面再拉一道铁丝用于拴草苦。前坡铁丝拉好后固定在大竹竿上，然后每间棚绑上 5 道小竹竿，将粘好的无滴膜覆盖在棚面上，并将其四边扯平拉紧，用压膜线或铁丝压住棚膜。

3. 半地下大跨度大棚的优点

（1）增加了大棚内的地温。在冬季，随着土壤深度的增加，地温逐渐增高。因此，半地下式大棚栽培比普通平地大棚栽培地温要高，实践证明，50~120 厘米深度的半地下式大棚，比平地栽培的地下 10 厘米地温要高 2~4℃。

（2）增加了大棚空间，有利于高秧作物的生长，有利于立体栽培。

（3）增加了大棚的保温性，大棚地面低于大棚外地面 50~120厘米，棚体周围相对厚度增加，因而保温性好。加之大棚的空间大了，有利于储存白天的热量，夜晚降温慢，增加了大棚的保温性。

（4）有利于二氧化碳的储存。大棚的空间增大，相对空气中的二氧化碳就多，有利于作物生长，达到增产的目的。

（5）不破坏大棚外的土地。大棚墙体在建造过程中，需要大量的土，过去是在大棚后挖沟取土，一是不利于大棚保温，二是浪费了土地。从大棚内取土要注意，先将大棚内表层的熟土放在大棚前，将 25 厘米以下的生土用在墙体上，要避免用生荒土种菜。这种半地下大跨度大棚土地利用率高、透光好、温湿度调节简单，代表着未来大棚的发展方向，是将来土地有偿转让兼并、实行集约化标准化生产、彻底解决散户经营、提高产品质量的有效途径。目前这种半地下大跨度大棚已得到寿光农民的广泛认可（图 3-7）。

图 3-7　寿光半地下大棚结构

第三节 拱棚主要结构及建造

一、竹木结构拱圆形大棚主要结构和建造

1.主要结构

竹木结构的大棚是由立柱、拱杆、拉杆、压杆（三杆一柱）组成大棚的骨架，架上覆盖塑料薄膜（图3-8、图3-9）。

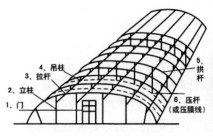

图 3-8 竹木拱棚结构　　　　图 3-9 竹木拱棚

立柱是大棚的主要支柱，承受棚架、棚膜的重量，并有雨雪的负荷和手风压与引力的作用，因此要垂直。竹木立柱直径在5~8厘米；混凝土立柱根据水泥标号及工艺，8厘米×8厘米~10厘米×10厘米均可。立柱的基础可用横木，也可以用砖块、混凝土墩代替柱脚石，防止大棚下沉。立柱深度一般30~40厘米。拱杆两端埋入地下，深30~50厘米，防止大风将拱杆拔起，大棚拱杆间隔1~1.2米，毛竹长6~10米，直径（粗头）5~6厘米。拉杆距立柱顶端30~40厘米，紧密固定在立柱上，每排立柱都设拉杆。压杆是在扣上棚膜后于两个拱杆之间压上一根细竹竿。

2.建造

（1）埋立柱。埋柱前先把柱上端锯成三角形豁口，以便固定拱杆，豁口的深度以能卡住拱杆为宜。在豁口下方5厘米处钻眼，以备穿铁丝绑柱拱杆。立柱下端成十字形钉两个横木以克服风的拔力，并连同入土部分涂上沥青以防腐烂。立柱应在土地封冻前埋好。施工时，先按规格量好尺寸，钉好标桩，然后挖35~40厘米深的坑。要先立中柱，再立腰柱和边柱。腰柱和边柱要依次降

低 20 厘米，以保持强大棚的支撑力。

（2）上拱杆。埋好立柱后，沿大棚两侧边线，对准立柱的顶端，把竹杆的大头插入土中 30 厘米左右，然后从大棚边向内逐个放在立柱上端的豁口内，用铁丝穿过豁口下的孔发绑好，最后把 2~3 根竹竿对接成圆拱形，再用铁丝绑接的地方，都要用草绳缠好，以免扎破薄膜。

（3）绑纵拉杆。用纵拉杆沿棚长方向把立柱和拱杆连接起来，使棚架成一整体。

（4）扣膜。先晴暖风小的天气一次扣完。按棚的长度，把粘好的薄膜卷好，从棚的迎风侧向顺风侧覆盖，要把薄膜拉紧、拉正，不出皱褶。四边的余幅放在沟里，用土埋上，踏实。

（5）上压杆。用竹竿作压杆的，要用铁丝把竹竿连接起来，压在两行拱架中间的薄膜上面，再用铁丝把穿过薄膜绑在纵拉杆上。用 8 号铁丝作压杆的，要用草绳把线缠好好压在面薄膜上，两头固定在地锚上。地锚用石块、木杆和砖做成，上面绑一根 8 号铁丝，埋在距离大棚半米处，埋深 40 厘米，以增强抗风能力。

（6）安门。便于出入大棚，在大棚两头各设一个门，一般高 1.9~2 米，宽 0.9 米，用方木作框，钉上薄膜即可。

二、钢架结构拱圆形大棚主要结构和建造

1. 主要结构（图 3-10）

图 3-10　全钢架结构塑料大棚

长度：全钢架塑料大棚的建造长度可依地块而定，以 50~80 米为宜。

跨度：跨度以 8.5~15 米为佳，单拱结构即可满足设计需要，各地可根据地形及经济能力适当调整。跨度过小，则相对投入成本过高，钢材材料浪费较大；如跨度过大，需另加立柱，或做桁架结构，则直接投入增大。

肩高与脊高：全钢架结构塑料大棚肩高一般设计在 1.0 ~1.3 米。用于果树等较高作物种植的大棚，肩高可以提高至 1.6~1.8 米，同时需在拱杆腿部和棚面处加装斜撑杆，以提高大棚的承载能力。全钢架结构塑料大棚脊高一般在 2.7~3.3 米。跨度 8.5 米 的塑料大棚脊、肩垂直高差以 1.9 米为宜。这种结构的优点：一是形成的拱面对太阳光反射角小、透光率高；二是能充分使用钢管的力学性能，最大化地利用拱杆的抗拉、承压性能；三是解决了棚面过平导致滴水 "打伤作物" 的问题。

拱杆间距，指相邻两道拱杆之间的水平距离，一般为 0.8~1.0 米，避风或风力不超过 6 级的地区，拱间距应不大于 1.0 米。在风力较大的地区拱杆间距应不大于 0.8 米（表 3-1）。

表 3-1 全钢架塑料大棚结构参数（米）

跨度	脊高	长度	肩高	基础埋深	骨架间距
7.0	2.7	50~60	1.0	0.4	0.8~1.0
8.0	2.9	50~60	1.2	0.5	1.0
8.5	3.1	50~60	1.2	0.5	1.0
9.0	3.3	50~60	1.3	0.5	1.0
12	3.8	60~80	1.6	0.6	1.0
15	4.0	60~80	1.8	0.6	1.0
20	4.3	80~100	1.8	0.6	1.0

拱架及拉杆、斜撑杆：拱架选用热镀锌全钢单拱结构，拱架、横拉杆、斜撑杆均选用天 N20 钢管（外径 26.0 毫米，壁厚 2.8 毫米）。

基础：基础材料选用 C20 混凝土。

棚膜：棚膜首选乙烯—— 醋酸乙烯（EVA）薄膜，也可选用聚乙烯（PE）或聚氯乙烯（PVC）膜，厚度 0.08 毫米以上，透光率 90% 以上，使用寿命 1 年以上。

固膜卡槽：选用热镀锌固膜卡槽（有条件也可采用铝合金固膜卡槽），镀锌量 ≥ 80 克／米 宽度 28.0~30.0 毫米，钢材厚度 0.7 毫米、长度 4.0~6.0 米。

卷膜系统：在大棚两侧底部安装手动或电动卷膜系统。

防虫网：选择幅宽 1.0 米 的 40 目尼龙防虫网，安装于两侧底通风口。

压膜线：采用高强度压膜线（内部添加高弹尼龙丝、聚丙丝线或钢丝），抗拉性好，抗老化能力强，对棚膜的压力均匀。

2. 建造

（1）基础施工。确定好建棚地点后，用水平仪材料测量地块高程，将最高点一角定位为 ±0.000，平整场地，确定大棚四周轴线。沿大棚四周以轴线为中心平整出宽 50 厘米、深 10 厘米基槽。夯实找平，按拱杆间距垂直取洞，洞深 45 厘米，拱架调整到位后插入拱杆。拱架全部安装完毕并调整均匀、水平后，每个拱架下端做 0.2 米 × 0.2 米 × 0.2 米独立混凝土基础，也可做成 0.2 米宽、0.2 米高的条形基础；混凝土基础上每隔 2.0 米预埋压膜线挂钩。

（2）拱架施工。拱架采用工厂加工或现场加工，塑料大棚生产厂商生产设备专业，生产出的大棚拱架弧形及尺寸一致。若现场加工，需在地面放样，根据放样的弧形加工。 拱杆连接，在材料堆放地就近找出 20 米 × 10 米 水平场地一块，水平对称放置 2 个拱杆，中间插入拱杆连接件，用螺丝连接。 拱杆安装，将连接好的拱杆沿根部画 40 厘米标记线，2 人同时均匀用力，自然取拱度，插入基础洞中，40 厘米标记线与洞口平齐，拱杆间距 0.8~1.0 米。春秋季节大风天气较多的地区，拱杆间距取下限，风力较小地区拱杆间距取上限。

（3）拉杆安装。全部拱杆安装到位后，用端头卡及弹簧卡连接顶部的一道横拉杆。一个大棚 1 道顶梁 2 道侧梁，风口等特殊位置需要加装 2 道，共安装 5 道拉杆。 拉杆单根长 5 米，40 米长的大棚，3 道梁需要拉杆 24 根。连接拉杆时先将缩头插入大头，然后用螺杆插入孔眼并铆紧，以防止拉杆脱离或旋转。上梁时，先安装顶梁，并进行第一次调整，使顶部和腰部达到平直；再安装侧梁，并进行第二次、第三次调整，使腰部和顶部更加平直。如果整体平整度有变形，局部变形较大应重新拆装，直到达到安装要求。安装拉杆时，用压顶弹簧卡住拉杆压着拱架，使拉杆与拱架成垂直连接，相互牵牢。梁的始末两端用塑料管头护套，防止拉杆连接脱落和端头戳破棚膜。拉杆安装要求每道梁平顺笔直，两侧梁间距一致，拱架上下间距一致，拉杆与拱架的几个连接点形成的一个平面应与地面垂直。

（4）斜撑杆安装。拱架调整好后，在大棚两端将两侧 3 个拱架分别用斜撑杆连接起来，防止拱架受力后向一侧倾倒。拉杆安装完后，在棚头两侧用斜撑杆将 5 个拱架用 U 型卡连接起来，防止拱架受力后向一侧倾倒。斜撑杆斜着紧靠在拱架里面，呈"八"字形。每个大棚至少安装 4 根斜撑杆，棚长超过 50 米，每增加长度 10 米需要加装 4 根。斜撑杆上端在侧梁位置用夹褓与门拱连接，下端在第 5 根拱管入土位置，用 U 型卡锁紧，中部用 U 型卡锁在第二、第三、第四根拱架上。

（5）棚门安装。大棚两端安装棚门作为出入通道和用于通风，规格为 1.8 米 ×1.8 米。棚门安装在棚头，作为出入通道和用于通风，南头安装 2 扇门，竖 4 根棚头立柱，2 根为门柱，2 根为边柱，起加固作用；北头安装 1 扇门，竖 6 根棚头立柱，中间 2 根为门柱，两侧各竖 2 根边柱。立柱垂直插入泥土，上端抵达门拱，用夹褓固定。大棚门高 170 ~180 厘米，门框宽 80 ~100 厘米，门上安装有卡槽。棚门用门座安装在门柱上，高度不低于棚内畦面。门锁安装铁柄在门外，铁片朝内。

（6）覆盖棚膜。上膜前要细心检查拱架和卡槽的平整度。薄膜幅宽不足时需粘合，可用粘膜机或电熨斗进行粘合，一般 PVC 膜粘合温度 130℃，EVA 及 PE 膜粘合温度 110℃，接缝宽 4 厘米。粘合前须分清膜的正反面，粘接要均匀，接缝要牢固而平展。需提前裁剪好裙膜，宽度 60 厘米。上膜要在无风的晴天中午进行，应分清棚膜正反面。将大块薄膜铺展在大棚上，将膜拉展绷紧，依次固定于纵向卡槽内，在底通风口上沿卡槽固定。两端棚膜卡在两端面的卡槽内，下端埋于土中。棚膜宽度与拱架弧长相同，棚膜长度应大于棚长 7 米，以覆盖两端。

（7）通风口安装。通风口设在拱架两侧底角处，宽度 0.8 米，底通风口采用上膜压下膜扒缝通风方式。选用卷膜器通风口时，卷膜器安装在大块膜的下端，用卡箍将棚膜下端固定于卷轴上，每隔 0.8 米卡一个卡箍，向上摇动卷膜器摇把，可直接卷放通风口。大棚两侧底通风口下卡槽内应安装 40 厘米宽的挡风膜。

（8）覆盖防虫网。在大棚两侧底角放风口及棚门位置安装。底通风口防虫网安装时，截取与大棚室等长的防虫网，宽度 1.0 米，防虫网上下两面固定于卡槽内，两端固定在大棚两端卡槽上。

（9）绑压膜线。棚膜及通风口安装好后，用压膜线压紧棚膜。压膜线间距 2.0~3.0 米，固定在混凝土基础上预埋的挂钩上。

（10）多层覆盖：根据种植需要可进行多层覆盖（图 3-11、图 3-12）。在距外层拱架 25 ~ 30 厘米处加设内层拱架，内层拱架间距 3.0 米，内外两层拱架在顶部连接。还可在大棚内用竹竿或竹片加设 1.2~1.5 米高的小拱棚。

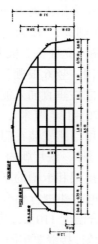
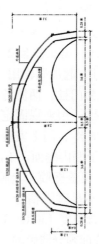

图 3-11　跨度 8.5 米全钢架结构塑料大棚标准剖面　　图 3-12　跨度 8.5 米塑料大棚多层覆盖示意

第四章 西葫芦的品种选购 与优良品种介绍

第一节 西葫芦的品种选购原则

针对不同地区的消费习惯和市场需求，也要因地制宜，根据茬口安排来选择，比如早春茬棚室西葫芦栽培的品种应该选择早熟、优质、高产、抗病、耐低温能力强、生长发育快、叶柄短、开展度小、适于密植、结瓜性能好、瓜码密、瓜的形状好、单株可同时结 3~4 个瓜的品种为宜，一般定植后 25~30 天即可采摘，如寒绿。同时，应根据当地的土地情况，适宜的天地气候来选择适宜的当地品种，且具有抗病的品种。棚室栽培西葫芦应该选择高温下长势强，坐果率佳，综合抗性好的品种。

一、科学选择品种

我国种植西葫芦的地域比较辽阔，不同省份和地区之间对西葫芦品种要求不尽相同。有的地区喜果皮斑点大的产品，有的地区喜果皮斑点小的产品，有的地区喜绿皮西葫芦，有的地区喜青皮西葫芦，有的地区喜光亮的西葫芦等。同一西葫芦品种在不同茬口种植，产品果皮也会有一定的变化，可能在某一季节种植的青皮的西葫芦，在另一季节种植皮色就略显白色。市面上品种较多，一定要对新品种或要种植的品种的特征特性有一定认识，根据市场动态需求选好自己要种的品种，并根据其品种特性进行小区 (小面积) 试验，再根据栽培条件和栽培方式，选择好种植模式和配套技术。不应没试种就大面积推广，更不应心存侥幸地大面积种植，以免造成极大损失。即使是在某地区表现优良的西葫芦品种，也应该小范围试种。不仅如此，种植者应该有西葫芦专用品种的概念，即针对某季节或茬口等为目的而选育出的品种。在选择种植品种时，不应只看重该品种的产量、抗病、皮色等，还要重点看该品种是否适宜在选择好的茬口高效生产。

　　购买西葫芦种子时切勿图便宜。在西葫芦种子播种前，最好进行发芽试验，测一下发芽率，做到心中有数。要保留一定数量的种子，并留下种子包装袋，确保生产的持续性和生产的安全性。

二、严格选择种子

　　西葫芦种子来源清楚，外观质量符合相美标准 应从持有《种子经营许可证》《种子质量合格证》和《营业执照》，证照齐全、合法，有信誉度的种子经销处选购西葫芦种子。从外地引进品种，特别是国外引进品种，要选择检疫过的品种。所购买的西葫芦种子袋或者包装罐应当整齐完好，图形和字迹清楚，标注的品种名称、产地、净含量、种子经营许可证编号、品种说明、检疫证明编号、生产单位级联系地址、联系方式、生产年月等内容齐全。

　　种子质量应该符合以下标准：纯度 ≥ 98%，净度 ≥ 99%，发芽率 ≥ 90%，水分 ≤ 8%。

第二节　西葫芦育种现状及发展趋势

一、 西葫芦的育种现状

（一） 西葫芦起源与资源分布

　　西葫芦的原始产地是北美洲南部，所以素有美洲南瓜这一称号，19 世纪传入我国，主要分布于我国的西 北和华北，其他地区较少栽植。形状有圆筒形、椭圆形和长圆柱形等多种。嫩瓜与老熟瓜的皮色有的品种相 同，有的不同。嫩瓜皮色有白色、白绿、金黄、深绿、墨绿或白绿相间；老熟瓜的皮色有白色、乳白色、黄色、橘 红或黄绿相间，可谓是彩色蔬菜。

（二）西葫芦产量影响因素

西葫芦的产量不仅仅受栽培密度的影响，还与其单株植坐果数量及单果质量息息相关。单株植瓜果数与单果质量相互对立，而且一开始进行育种时，不仅要选择早期雌性花多且节率高的植株，还应选择后续生长强势的株系。

（三）品种选育

1966 年我国开始引进西葫芦品种，城乡积极栽植，这对于其他瓜果蔬菜的栽植和产量有一定的影响。通过常规引进的西葫芦品种逐渐不能满足人们的需求，1973 年中国山西农业科学院的负责人利用杂种栽植和培养，成功培育出优良品种。不仅瓜果的形状上更加饱满和硕大，颜色也从单一的皮色变为多种皮色。同时，国家和企业对于西葫芦的培育更加重视，相继成立一些研究与培育机构，使得西葫芦的选育获得进一步的发展。

（四）抗逆育种

我国对于西葫芦抗逆育种调研比较少，早前对山东省潍坊农业科学院育成的"潍早 1 号"开展试验得出西葫芦能够抗逆白粉病，但是在灰霉病以及温度低和光线弱的条件下，西葫芦不能很好地生长。

（五）单性结实品种研究

西葫芦不受天气的影响，冬季和早春昆虫少时需人工授粉，雌雄同株，可直接生成果实。但是单性结实率低，为满足西葫芦的需求，同时防止不良条件下受精和授粉产生的低产，对西葫芦单性结实品种方面进行研究十分必要。

二、西葫芦育种的发展趋势

任何一种农作物在生产和栽植过程中都需要不断发展，不断研究和优化，以此来满足人们的需求。作为绿色蔬菜的西葫芦也不例外，其发展趋势如下。

（一）选择专用栽培地进行品种培育

目前灰霉病和环境温度是影响西葫芦生长的主要因素，且国内这方面研究偏少，所以研究和创造出西葫芦选育和育种的场地和环境相当重要。比如在培育西葫芦时，场地应保持高湿度、弱光线和低温，这样有利于西葫芦的植株伸长和果实生长，同时应控制住灰霉病的发生。如何选择专用保护地可以借鉴我国其他瓜果蔬菜的栽植，比如黄瓜的栽植地研究。

（二）西葫芦资源入库保存越来越多

目前我国西葫芦入库保存有 398 份，这远远不能满足品种多样性的需求，而且有些保存的资源并未做出良好的评估，限制了选育和培育负责人员对品种的研究。所以，首先应对这些留存的资源进行全面的评估和研究，并且还应继续从外引进新品种，为西葫芦增加新的特性，提升育种水平。育种工作人员不应仅将眼光放到区域内、品种内的培育上，更应将西葫芦与不同地区、不同品种及野生西葫芦进行杂交，来进行资源整合和创新。

（三）先进的生物技术将广泛运用于西葫芦选育

目前，很多植株的高产量和质量的研究都是通过生物技术来实现的。通过研究植株的抗性基因和遗传方式，利用生物知识以育种的形状来进行分析，充分利用外来优良物种或杂交的优势，通过转基因这项技术，相应地选择优质基因，将其防虫性、防寒性等抗性基因导入到西葫芦中，来改善西葫芦的特性，从而提高产量和品种，这也是未来西葫芦育种的一大趋势。

（四）彩色瓜果蔬菜是人们追求健康生活的潮流

在当今社会，人们的工作时间自由，对于生活要求更高，很多人都追求健身饮食、健康养生的生活状态，新鲜蔬菜自然是首选。目前，西葫芦不仅仅局限于绿色，更有白、黄、橘红、黄绿颜色，不仅仅是外观吸引人，口感也很好，炒吃皆可，或者直接拿手上生吃，比普通的瓜果营养价值更高。况且这种彩色蔬菜作为饭桌上的饭菜，不仅能增加食欲，更能提升风格，在市场上很受欢迎。随着我国育种技术水平的提高，西葫芦品种必然 会越来越多，人们对于西葫芦的关注度也会越来越高。所以，在选择西葫芦品种时要选择早熟快，抗性功能良好的株系。研究工作人员更应继续探索如何选择和培育品种更多、产量更高、质量更好的西葫芦。

第三节　西葫芦品种介绍

1. 一窝猴（图 4-1）

北京地方品种，华北均可栽培。植株直立，分枝性强，叶片为三裂心脏形，叶背茸毛多，主蔓第六至第八节出现雌花，以后连续 7~8 片叶节节都有雌花，单株结瓜 3~4 个。瓜短柱形，端口瓜皮深绿色，表面有 5 条不明显的纵棱，并密布浅绿网纹。老熟瓜皮橘黄色，单瓜重 1~2 千克。

图 4-1　一窝猴

果实肉质嫩，味微甜，肉厚瓤小。播种至收获 50~60 日，采收期 45 天左右，亩产 4000 千克。早熟，抗寒，不耐干旱。

2. 花叶西葫芦（图 4-2）

又名阿尔及利亚西葫芦。北方地区普遍栽培。蔓较短，直立，分枝较少，株形紧凑，适于密植。叶片掌状深裂，狭长，近叶脉处有灰白色花斑。主蔓第五至六节着生第一雌花，单株结瓜 3~5 个。瓜长椭圆形，瓜皮深绿色，具有黄绿色不规则条纹，瓜肉绿白色，

图 4-2　花叶西葫芦

肉质致密，纤维少，品质好。单瓜重 1.5~2.5 千克。从播种至开始收获 50~60 日，采收期 60 天左右，亩产 4000 千克以上。较耐热、耐旱、抗寒，但易感病毒病。

图 4-3　阿太

4. 珍玉 35 号（图 4-4）

植株紧凑，较早熟，短蔓，叶片上有小银斑，缺刻较深，叶柄较短；幼果嫩绿有光泽，果型棒状圆润，果长 22 厘米左右，果棱小，果柄短，单果重 400~600 克，

3. 阿太（图 4-3）

山西农业科学院育成的一代杂交种。叶色深绿，叶面有稀疏白斑。矮生，蔓长 33~50 厘米，节间短，第一雌花着生于第五六节，以后节节有瓜，采收期集中。嫩瓜深绿色，有光泽，老熟瓜呈黑绿色。50 天后可采收，亩产 5000 千克左右。

图 4-4　珍玉 35 号

生长势较强，对病毒病有较强的抗性。突出优点是果色亮绿、果型好、抗病毒病能力强、丰产高产。适宜春秋露底、大小拱棚栽培，也适宜南方秋冬露底及高海拔地区越夏栽培，亩栽 1200 株左右；该品种为高产型品种，每亩需比其他品种多施优质农家肥 3 方左右；在华北区域延秋种植、华南区域秋冬种植，均表现卓越。

5. 早青（图 4-5）

山西农业科学院育成的一代杂交种。结瓜性能好，瓜码密，早熟。

图 4-5　早青

播后 45 天可采收，一般第五节开始结瓜，单瓜重 1~1.5 千克。采收 250 克以上的嫩瓜，单株可收 7~8 个。瓜长圆筒形，嫩瓜皮浅绿色，老瓜黄绿色。叶柄和茎蔓均短，蔓长 30~40 厘米，适于密植。亩产 4000 千克以上。本品种有先开雌花的习性，为让早期雌花结瓜，需蘸 2~4 天。

6. 站秧（图 4-6）

黑龙江省地方品种，东北地区栽培较多。主蔓长 30~40 厘米，节间极短，可直立生长，适于密植。叶片较大，有刺毛，缺刻深裂。嫩瓜长圆柱形，瓜皮白绿色，成熟瓜呈土黄色，肉白绿色。单瓜重 1.5~2.5 千克，早熟，较抗角斑病和白粉病。播后 44~50 天可采收，亩产 4000~5000 千克。

图 4-6　站秧

图 4-7　黑美丽

右。瓜皮墨绿色，呈长棒状，上下粗细一致，品质好，丰产。每株可收嫩瓜 10 余个，老成瓜 2 个（单瓜重 1.5~2 千克）。适于冬春季保护地栽培和春季露地早熟栽培，亩产 4000 千克左右。

8. 法拉利（图 4-8）

法拉利西葫芦是法国 Tezier 公

7. 黑美丽（图 4-7）

由荷兰引进的早熟品种。在低温弱光照条件下植株生长势较强，植株开展度 70~80 cm，主蔓第五至七节结瓜，以后基本每节有瓜，坐瓜后生长迅速，宜采收嫩瓜平均每个嫩瓜重 200 克左

图 4-8　法拉利

司最新培育的长瓜大棵品种，该品种通过在日光温室栽培，表现植株长势旺盛，茎秆粗壮，叶片大而肥厚，耐低温弱光性好，带瓜力强，瓜长 26~28 厘米，粗 6~8 厘米。单瓜重 300~400 克，瓜条大，瓜型稳定，膨大快，耐存放，瓜皮光滑细腻，油量翠绿。结瓜期的长短与品种、栽培环境、管理水平及采收次数等情况密切相关，一般为 40~60 天。

图 4-9　长蔓西葫芦

品质佳。中熟，播后 60~70 天收获。耐热，不耐旱，抗病性较强。亩产 3000~4000 千克。

10.绿皮西葫芦（图 4-10）

江西省地方品种。植株蔓长 3 米，粗 2.2 厘米。叶

9.长蔓西葫芦（图 4-9）

河北省地方品种。植物匍匐生长，茎蔓长 2.5 米左右，分枝性中等。叶三角形，浅裂，绿色，叶背多茸毛。主蔓第九节以后开始结瓜，单株结瓜 2~3 个。瓜圆筒形，中部稍细。瓜皮白色，表面微显棱，单瓜重 1.5 千克左右，果肉厚，细嫩，味甜，

图 4-10　绿皮西葫芦

心脏形，深绿色，叶缘有不规则锯齿。第一雌花着生于主蔓第四至六节。瓜长椭圆形，表皮光滑，绿白色，有棱 6 条。一般单瓜重 2~3 千克。嫩瓜质脆，味淡。生长期 100 天左右，亩产 2000 千克以上。

11.绿盛 2 号（图 4-11）

2010 年在山东淄博、潍坊、

图 4-11　绿盛 2 号

聊城、济南，东北，甘肃，新疆等地示范种植，在低温、高寒、弱光，等恶劣气候条件下，表现抗病，抗寒，抗逆能力非凡。总产量高出目前法国主栽品种30%~50%，是西葫芦当前越冬种植最优秀的品种，中早熟，长势强，株形结构合理，叶片大小中等节间短，耐寒那性极强，深冬栽培时不歇秧。深冬带瓜能力强，膨瓜速度快，摘瓜多，无需早春返头，越冬照样卖瓜卖好瓜，瓜长24~28厘米。粗6厘米，圆柱形，皮色油绿，光泽亮丽。

12. 京葫3号（图4-12）

北京市农林科学院蔬菜研究中心选育。早熟一代杂交种，植株为矮生类型。一般在第5~6节开始结瓜，播种后33~35天即可采收商品瓜。本品种耐弱光性强，在低温弱光下连续结瓜能力强，瓜码密，亩产在8000千克以上。嫩瓜皮色为浅绿色，带本色花纹，有光泽。瓜为长柱形，果形均匀一致，商品性好。不抗病毒病。

图4-12　京葫3号

13. 京葫12号（图4-13）

北京市农林科学院蔬菜研究中心选育。生长势强，中早熟。叶翠绿色，中等量白斑。茎秆中粗，深色茎，雌花多，成瓜率高。商品瓜长22~24厘米，粗6~7厘米，颜色浅绿带细网纹，光泽度好，商品性佳，较耐贮运。冬季温室种植平均亩产量11 000千克以上。中抗

图4-13　京葫12号

病毒病、白粉病和银叶病。缺点为株型不够紧凑。

14. 京葫2号（图4-14）

早熟一代杂交种，播种后50天左右，可采收300克的商品瓜。植株属矮秧开放类型，生长势强壮，抗逆性、抗病毒病能力强，

图4-14 京葫2号

天采摘，瓜码密。雌花率大于88％，亩产6 000~7 000千克。瓜条顺直，圆柱形，无瓜肚，瓜皮浅绿色，微泛嫩黄，光泽度特别好，商品性极佳。抗白粉病。低温下连续结瓜能力强，不易早衰，特适合保护地栽培。

图4-16 法国冬玉

病性强，采收期长。

17. 早青一代（图4-17）

由山西省农业科学院蔬菜研究所于1973年用阿尔及利亚花

产量极高。本品种雌花多、瓜码密、易座果，植株第4~5节出现第一雌花，定植后25~30天采摘，一株可同时结3~4个瓜。嫩瓜皮色为高绿色网纹，表面光滑亮丽，光泽度好，瓜形为长棒状，果形均匀一致，商品性好。

15. 京莹（图4-15）

早熟一代杂交种。植株第5节出现第一雌花，定植后25~30

图4-15 京莹

16. 法国冬玉（图4-16）

是耐寒越冬栽培的专用品种。长势旺盛，雌花多，植株第4~5节出现第一雌花，定植后约25~30天采摘，每叶一瓜；瓜长22厘米，粗5~6厘米，颜色嫩绿，光泽度特好，品质佳；瓜条粗细均匀，商品性好；中偏早熟，抗叶西葫芦与黑龙江小白瓜配制的杂交种。矮生种，株形矮小，适宜密植。结瓜性能好，可同时结 2~3 个瓜。瓜长筒形，嫩瓜皮包浅绿。春季露地直播，播后 45 天可采收重 0.5 千克的嫩瓜。抗病毒能力中等，亩产达 5 000 千克。适于山西、河北地区种植。

图 4-17　早青一代

18. 翠玉（图 4-18）

植株长势强健，柱型紧凑，定植后 35 天左右可采收嫩瓜。瓜圆柱形，长 22~26 厘米，粗 7~8 厘米，嫩瓜色翠绿，瓜条顺直，光泽亮丽。一株 5~6 瓜可同时生长，不会产生坠秧。单株可采果 35 个以上。根系发达，抗寒性强，抗病性好。适宜日光温室和大小拱棚栽培。

图 4-18　翠玉

19. 亚历山大（图 4-19）

引自美国，杂交一代，无限生长型。瓜条翠绿色，长度 23 厘米左右，直径 7 厘米左右，瓜条顺直，商品性好，连续坐瓜能力强，产量高。耐低温，抗白粉病和病毒病，适宜早春、秋延迟和越冬栽培。

20. 盛玉（图 4-20）

中早熟品种。株形半蔓

图 4-19　亚历山大

41

图 4-20　盛玉

生，开展度中等。叶片较大，五角形，缺刻较浅，叶色深绿，上有少量白色斑点。第一雌花节位 5~6 节，雌花较多，成瓜率高。丰产性强，一株同时可坐 3~4 个嫩瓜。品种从播种至采收 250 克 左右嫩瓜需 42 天左右。商品瓜长棒形，顺直匀称，皮色翠绿、光亮，长约 21.4 厘米，粗约 7.2 厘米，单瓜平均质量 350 克，商品性好。抗白粉病、霜霉病、病毒病能力强，抗逆性强，保护地产量可达 135 000 千克 / 公顷左右。

栽培技术要点 该品种株形紧凑，适于密植，株行距 60 厘米 × 50 厘米，定植密度 33 000 株 / 公顷，采用护根育苗，苗龄 25~30 天，三叶一心时定植。施足底肥，结瓜前适当控制水肥，结瓜后及时追肥浇水。设施栽培应采用人工授粉或激素蘸花保果，有利于坐瓜。加强病虫害防治，后期及时防治白粉病。适宜在山西省早春日光温室、露地及秋延后栽培。忌与瓜类作物连作，以防减产与发生病害。

21. 绿剑（图 4-21）

新一代杂交抗高温西葫芦，瓜条顺直，浅绿色，商品性极佳，连续结瓜性好，耐高温，抗病强，瓜码密，坐瓜率高，丰产性强，亩产 7000 千克。是

图 4-21　绿剑

目前国内最早熟，南北方抢早上市的理想品种。适宜露地，保护地及延秋种植。可家庭盆栽、阳台、顶楼花园种植，亦可大棚、亩产种植。

22. 万盛碧秀 2 号（图 4-22）

国外引进，一代杂交，耐热，翠绿型西葫芦品种，植株长势

旺盛，茎杆粗壮，节间短，株型紧凑，根系强大。培育方法万盛碧秀是最新的杂家一代新品种，耐高温，高抗病毒病，瓜条 24 厘米左右，横径 6~7 厘米，长筒型，顺直、瓜皮翠绿、细腻，光泽秀丽，商品性极佳；结瓜性能好，带瓜能力强，瓜码密产量极高，其他说明适宜秋延后，春提早拱棚及露地栽培。株行距为 80 厘米 × 100 厘米，亩栽 800 株左右。

图 4-22　万盛碧秀 2 号

23. 春玉 2 号（图 4-23）

西北农林科技大学园艺学院蔬菜花卉研究所选育的西葫芦新品种—春玉 2 号为早熟杂交一代。矮秧类型。植株长势强，植株开

图 4-23　春玉 2 号

展度 80 厘米，株高 60 厘米，较直立，叶色灰绿，叶面有白色花斑。本品种熟性早，一般定植后 45 天左右开花，第一雌花节位为第 5.4 节，平均 1.5 节出现一个雌花。瓜形长棒形，瓜皮嫩白色。采收的嫩瓜，瓜长 26~30 厘米，瓜粗 8.0~10.0 厘米，单瓜质量 400~600 克，最大可达 4 000 克。抗病性较强。适宜保护地及露地种植。2004 年由中国南瓜研究会在山东济南组织的春季西葫芦评比中，春玉 2 号的早期产量名列第二。该品种适宜于我国北方喜食浅皮色消费地区以及作为特菜种植的大、中城市的远、近郊区栽培。日光温室、大、中、小塑料棚和春季露地及夏季冷凉地区均可种植。

24. 绿宝石（图 4-24）

矮秧类型，主蔓结瓜，侧枝稀少；瓜型长棒状，瓜皮深绿色；品质脆嫩，营养丰富，尤其是胡萝卜素及铁的含量高于一般西葫

图 4-24　绿宝石

芦品种。生长势较旺，喜肥，抗逆性强，病害轻，能较好地适应低温、弱光环境；在病毒病较轻的地区，亦可秋季种植。一般在花谢一周后即可采收 150 克以上的嫩瓜供应市场，23 天采收一次，结瓜盛期，几乎可每天采收。由于其瓜型美观，品质好，营养丰富，故在有条件的地区，可做为特菜供应宾馆、饭店及超市。

当食用嫩瓜时，不需去皮去瓤，可直接切炒食用。栽培技术简单，易管理。春露地栽培，定植后 28 天左右即可采收嫩瓜，亩产约 3000 千克，育苗移栽者据种植密度，用种量一般为 150~200 克。保护地栽培，亩产 5 000 千克以上，亩用种量 120~150 克。

图 4-25　华玉

25. 华玉（图 4-25）

北京市农林科学院蔬菜研究中心选育，植株长势强健，叶片中等，节间短。瓜条顺直，长柱形，色泽翠绿光亮，瓜长 22~24 厘米，粗 6~8 厘米。出苗至采收 40 天左右。抗白粉病枯萎病，感病毒病。在 2008 - 2009 年多点试验中，平均亩产 6 268.6 千克，比对照增产 13.9%；2008 - 2009 年生产试验，平均亩产 6 258.7 千克，比对照增产 12.9%。早春大棚、露地栽培，1.5 片真叶时定植，亩植 1 800 株左右。适宜在甘肃省凉州区、永登、红古、榆中、永靖等地种植。

26. 绿玉（图 4-26）

品种特性：法国引进杂交一代油亮型西葫芦品种。该品种早熟，耐低温弱光性极强，植株长势旺盛，株型整齐，叶片中等，瓜秧与瓜条生长协调，耐低温弱光，高抗病毒病，立枯，蔓枯病，综合抗病抗逆性强，雌花多，不易化瓜，长瓜率高，膨瓜快，单株采瓜60个左右，生育期达280天，产量极高，商品瓜长棒形，瓜长22~28厘米，横径6~7厘米，花纹细腻，油亮翠绿，光泽度好，商品性极好。适宜秋延，越冬，早春茬日光温室与早春茬大拱棚种植。建议株距70厘米，

图 4-26　绿玉

小行80厘米，大行100厘米，亩栽1000株左右。

27. 碧玉（图4-27）

中早熟F1，短蔓生长，叶片掌状深裂，长势旺盛，深绿色，嫩瓜播后45天上市。瓜圆筒型，细长均匀，皮色

图 4-27　碧玉

乳白带有浅绿斑纹，嫩瓜条长20~22厘米，粗6~8厘米，商品性极佳，瓜码密，连续座果能力强，抗病，适应性广，耐储运，抗逆性强，亩产10 000千克以上，市场潜力大。温室保护地，露地春夏秋可种植，亩保苗1500株。座瓜后要及时追肥、浇水、适时采收。

28. 盛玉307（图4-28）

山西强盛种业有限公司选育，该品种属中早熟品种。株型半蔓生，开展度

图 4-28　盛玉307

中等。叶片较大，五角形，叶色深绿，上有少量白色斑点。第一雌花节位 5~6 节，雌花较多，成瓜率高。丰产性强，一株同时可坐 3~4 个嫩瓜。从播种至采收 250 克左右的嫩瓜需 42 天左右，商品瓜成长棒形，顺直均匀，皮色翠绿、光亮，长约 21 厘米，粗约 7 厘米，单瓜平均重 350 克，商品性好。抗白粉病、霜霉病、病毒病能力强，抗逆性强。保护地栽培每亩产量可达 9000 千克左右。该品种株型紧凑，适于密植，株行距 60 厘米 ×50 厘米，每亩定植密度 2200 株。采用护根育苗，苗龄 25~30 天，三叶一心时定植。

图 4-29　京葫 36

29. 京葫 36（图 4-29）

杂交一代西葫芦品种。中早熟，生长势中上，根系发达，茎杆粗壮，株形透光率好，连续结瓜能力强，瓜码密，产量高。瓜长 23~24 厘米，粗 6~7 厘米，长柱形、粗细均匀，油亮翠绿，花纹细腻，商品性好。2012 － 2013 年参加山西省越冬温室西葫芦品种试验，两年平均亩产 8571.1 千克，比对照法拉利（下同）增产 13.6 %，8 个试验点全部增产，其中 2012 年平均亩产 8301.3 千克，比对照增产 10.7%；2013 年平均亩产 8840.8 千克，比对照增产 16.5%。适合北方越冬温室、早春大棚栽培。温室种植 10 月上、中旬育苗，苗龄 15~20 天。早春双层膜覆盖栽培 1 月中下旬育苗，苗龄 30 天。高垄地膜覆盖栽培，每亩施用 5~8 立方米腐熟有机肥、100 千克三元复合肥。采用大小行种植，株距 60 厘米，大行距 90 厘米、小行距 70 厘米。每亩种植 1400 株左右。生长前期预防植株徒长，低温期加强温室防寒保温。及时疏花疏果，防落素蘸花保果，3 月初棚室温度逐渐升高需及时降低蘸花液体浓度。生长前期防治虫害、预防病毒病，中后期预防白粉病。

30. 京葫33（图4-30）

杂交一代西葫芦品种。中早熟，根系发达，茎秆粗壮，长势旺盛。耐低温弱光性强，连续结瓜性好，瓜码密，膨瓜快。商品瓜翠绿色，瓜长22~24厘米，粗6~7厘米，中长柱形、瓜条粗细均匀，光泽度好。采收期长，产量高。2012 – 2013年参加山西省越冬温室西葫芦品种试验，两年平均亩产7970.4千克，比对照冬玉（下同）平均增产10.5%，8个试验点全部增产。其中2012年平均亩产

图4-30　京葫33

7342.2千克，比对照增产9.3%；2013年平均亩产8598.7千克，比对照增产11.5%。

栽培要点：温室种植10月上、中旬育苗，苗龄15~20天。高垄地膜覆盖栽培，每亩施用5~8立方米腐熟有机肥、100千克三元复合肥。采用大小行种植，株距60厘米，大行距90厘米、小行距80厘米。每亩种植1300株左右。生长前期预防植株徒长，低温期加强温室防寒保温。及时疏花疏果，防落素蘸花保果，3月初棚室温度逐渐升高需及时降低蘸花液体浓度。生长前期防治虫害、预防病毒病，中后期预防白粉病。

31. 凯撒（图4-31）

恺撒西葫芦种子是法国Tezier公司最新培育，经三年试种并与冬玉比较，特点如下：一是株形

图4-31　凯撒

比冬玉紧凑，瓜秧比冬玉高，更能有效的利用日光温室的有限空间；二是产量（特别是中后期）高于冬玉10%；三是瓜长于冬玉，

绿于冬玉，花肌小于冬玉；四是五六个瓜之前的管理不同于冬玉；五是更适于越冬、秋延迟及旱春茬栽培。恺撒与冬玉在管理上不同在于前5~6条瓜期间，冬玉前期需重控秧，而恺撒前期要轻控秧，瓜秧10~11片叶时不留瓜，头瓜宜疏去或旱收，拉开留瓜距离，保留2~3厘米的节间长度，5~6条瓜后进入正常管理。

图4-32　晶玉

32.晶玉（图4-32）

极早熟、丰产、抗病毒杂交一代西葫芦新品种，植株生长势旺盛，耐寒性较好，耐热能力强，生命力强健。植株半直立，膨瓜速度快，连续坐瓜能力强，可同时坐瓜2~3个。瓜圆筒形，淡绿色，瓜形顺直整齐，不易生成畸形瓜，光泽亮丽，商品性好。本品种高抗黄瓜花叶病毒、西葫芦花叶病毒等多种病毒，中抗白粉病。采收期长，丰产性好。适合早春及秋延后保护地，春秋露地栽培。春露地直播后35天左右可采收250克左右的商品嫩瓜。

栽培要点：露地栽培每亩1800~2000株，大棚栽培密度酌减。施足底肥，底肥要以优质农家肥为主，并在生长期间即时追肥，充分发挥增产潜力。保护地生产中要用2,4-D沾花促进膨瓜。

33.珍玉369（图4-33）

早熟西葫芦新品种，植株长势后期加强，正常气候和良好管理条件下，耐低温且较耐热，抗病毒病、白粉病能力强；瓜色翠绿有光泽，温度低时颜色更绿一些，条长22厘米

图4-33　珍玉369

米左右，单瓜重300~400克，连续坐果能力强，膨瓜快，精品果率高。

栽培要点：

①适宜华北早春拱棚、大棚及山西、宁夏等北方区域越夏露地栽培，也适于云南、广东等南方区域冬春季节栽培。要求良种良法相配套种植。②严格培育壮苗，要求较好的土质和水肥条件，亩密度1500株左右。③要多施农家肥做底肥，同时配合使用NPK复合肥和微肥；坐瓜前适当控制水肥，但不能蹲苗过度，瓜坐稳后及时追肥，及时采收根瓜。④根据植株长势合理疏瓜留瓜。早春保护地栽培植株长势不壮时，建议疏掉第一雌花。⑤虽是抗病品种，仍需做好病虫害预防工作，建议用好意、可汗、阵风等农药及时防治病虫害。

图4-34　珍玉小荷

34. 珍玉小荷（图4-34）

最新培育的早熟西葫芦品种，长势强健，既耐寒又耐热，抗病毒能力突出，连续结瓜能力强且膨瓜快，瓜条长圆筒形，皮色翠绿有光泽，果面白斑小而少，商品性优；条长25厘米左右，商品瓜重300~400克。该品种经过春秋大棚、露地多茬多点试验示范，均表现早熟，前期膨瓜快，产量高，抗病毒病、白粉病能力强，后期仍能大量下瓜，是一个特有前途的西葫芦新品种。

图4-35　安吉拉

35. 安吉拉（图4-35）

安吉拉（Angela）是阿根廷BASSO种子公司选育的全球第一个玉珍果系列品种，BASSO玉珍果进入中国市场，有效的解决了传统西葫芦点花难、低温畸形果

图 4-36　京珠

期注意勤浇水、施肥。早期先开的雌花是浓度 50% 的 2~4 天生长激素在开花当天上午点花，可提高坐瓜率，有利于丰产。家庭盆栽、阳台、顶楼种植可适当缩小株间距。

36.京珠（图 4-36）

植株矮生，长势强。

图 4-38　珍玉黄金西葫芦

多、化瓜等栽培难题，是农民增收、创收的新品种。玉珍果中偏早熟，长势旺盛，直立性强，每叶一瓜。果实扁圆形，颜色嫩绿，光泽度好，营养价值高，清香宜人，品质佳，采收期长，高抗病毒、白粉病。

该品种生长旺盛，结瓜前期应适当控制水肥。亩产定植 2200 株，株行距 50~80 厘米，结瓜后

图 4-37　京香蕉

早熟，在第 6~7 节上开始结瓜。雌花多，连续结瓜能力强。商品瓜为深绿色椭圆形，亮度好，商品性佳。适合南北方露地种植。

37.京香蕉（图 4-37）

高档特色西葫芦品种。株型直立矮生型，生长健壮，节间短，瓜码密，连续结果能力强，丰产性好。商品瓜金黄色，亮度好，瓜条直，长圆筒形，果长 20~25 厘米，果茎 4~5 厘米，外观漂亮。果实含有丰富的类胡萝卜素、营养价值高。适

合南北方春秋保护地种植。

38. 珍玉黄金西葫芦（图 4-38）

高档西葫芦新品种，果实长棒形，果皮金黄色，色泽艳丽美观，商品性好，细嫩无渣，口感风味佳，可生食作沙拉或炒食；该品种为短蔓矮生型，早熟，早期膨瓜快产量高，嫩瓜播后 40~45 天即可上市，单株结果可达 6~12 个，幼瓜单瓜重 300~400 克可采收上市，大瓜 1000 克以上金黄漂亮，仍可食用，高产达 5000 千克以上。该品种如果作礼品蔬菜装箱或超市销售，售价更高，特别推荐有思路的群众和科技观光园区种植。

图 4-39　金珠

39. 金珠（图 4-39）

极早熟，播种后 36 天就可采收。无蔓，栽培不用搭架，适应性强，一年四季随时可播种上市。金珠西葫芦果实圆球形，果皮金黄闪亮，是难得一见的珍贵礼品西葫芦，单瓜重 300~400 克采收上市，适于宾馆、酒楼和超市作稀有的高档品种销售，效益非常可观。金皮西葫芦适宜种植温度为 18~28℃，根系最低耐温温度为 12℃，所以金皮西葫芦属高温作物，适宜在冬暖式大棚中栽植生产，产量高，供应周期长，元旦前后即可上市。

40. 京葫籽丰 1 号（图 4-40）

籽用西葫芦杂交品种。短蔓型，长势壮，茎蔓粗。生育期为 100 天左右。老熟商品瓜为中长棒形，米黄色，瓜皮厚不易软腐，籽腔大，单瓜籽粒数 350 粒左右，千粒重可达 160 克。籽粒饱满

图 4-40　京葫籽丰 1 号

图 4-41　京籽丰 3 号

周正，大小均匀，籽形美观，瓜仁绿色，商品性好。植株不易早衰，综合抗病抗逆性强，适应性广，高产田亩产籽量 150 千克以上。

41. 京籽丰 3 号（图 4-41）

籽用西葫芦杂交品种。中短蔓型，长势壮，茎蔓粗。生育期为 100 天左右。老熟商品瓜为中短柱形，灰绿皮带条纹，瓜皮厚不易软腐，籽腔大，单瓜籽粒数 350 粒左右，千粒重可达 170 克。籽粒饱满周正，籽形美观，瓜仁绿色，商品性好。植株不易早衰，综合抗病抗逆性强，高产田亩产籽量 150 千克以上。

42. 银碟 1 号（图 4-42）

植株矮生无蔓，茎直立，长势较强。中熟，下种后 52 天可采收直径 5~6 厘米的嫩瓜，果实扁圆，中间凸起，果缘有棱齿状突起呈碟形。单瓜重 500 克左右，大瓜可达 1000 克，每株结瓜 5~7 个，多达 10

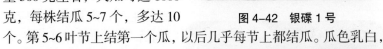

图 4-42　银碟 1 号

个。第 5~6 叶节上结第一个瓜，以后几乎每节上都结瓜。瓜色乳白，果肉细密，脆嫩，无纤维，食之有清香味且营养丰富，是一个极具观赏价值和食用价值的特种西葫芦新品种。

43. 飞碟瓜（图 4-43）

飞碟瓜又名碟瓜、碟形瓜、齿缘瓜、扁圆西葫芦，为葫芦科南瓜属美洲南瓜的一个变种。其果实既可以观赏，又

图 4-43　飞碟瓜

可以食用，是一种难得的现食兼用园艺植物。飞碟瓜在我国栽培的历史很短。最初它是作为一种名特蔬菜于20世纪90年代从俄罗斯、韩国、美国等地相继引入进行栽培的。飞碟瓜根系发达。茎短缩，蔓性、半蔓性或矮生。真叶近五角掌状，浅至深裂，互生，绿色。雌雄异花同株。

一般雌花单生，雄花簇生。花黄色，腋生，花径10~12厘米。瓠果，分白、黄、绿三种基本颜色。果缘具棱齿，扁圆、碟形或钟状，所以俄罗斯人称之为碟瓜、碟形瓜、齿缘瓜。因果形美观，状若飞碟，故命名为飞碟瓜。飞碟瓜为虫媒花植物，以观果为主。

飞碟瓜不仅具有很高的观赏价值，还具有很高的食用价值和医疗保健价值。它的嫩果、嫩花、嫩消、叶柄、种子均可以食用。根据测定，飞碟瓜含有丰富的维生素C、B_1、B_2，胡萝卜素，尼克酸及钾、钙、磷、铁等多种矿质元素。可以凉拌或者炒食.

食用飞碟瓜有助于胆汁的分泌，肝脏中糖原（肝糖）的还原，因此，对治疗肥胖症、动脉粥样硬化、肝肾病、调节微循环有益。果实中富含果胶质，可以使胃黏膜、肠道免遭危害或促进溃疡伤口的愈合。种子还含有可作为驱虫剂使用的成分。此外，飞碟瓜还是一种很好的蜜源植物。

44. 无蔓金丝瓜（图4-44）

该品种茎直立无蔓，坐瓜早，第4~6节着生雌花，花瓣金黄色，果皮白色，果实成熟后变为灰黄色，特别耐贮存，耐冻害。一般开花授粉30天左右成熟，全生育期80~90天，四季均可栽培。它抗逆性强，凡能种西葫芦的地区均可栽培。单株结瓜2~4个，单瓜重2~3千克，亩产量6000~8000

图4-44　无蔓金丝瓜

千克，较普通有蔓品种增产40%以上，贮存期长达6个月。食用方法简单，无需开水烫、蒸或冻即可搅成晶莹透亮的细丝，味美细嫩，似海蜇，煮食则甘而香甜，可谓是一种色香味俱佳的蔬菜。

第五章　棚室西葫芦栽培管理技术

第一节　育苗技术

一、大棚早春茬西葫芦育苗技术

大棚早春茬西葫芦一般在 2 月中下旬播种，4 月下旬开始收获，正好在露地蔬菜上市以前、温室蔬菜采收接近尾声这个蔬菜供应淡季上市，种植效益较好。

（一）品种选择

应选择早熟、抗病、适应性广的品种，如美玉、双丰特早、早青一代等。

（二）育苗

一般在温室中进行，采用营养钵育苗。用 55℃温水浸种，将种子放入 55℃温水中不停地搅拌，直到水温降至 30℃左右时浸种 4~6 小时，捞出后沥干水分，在 28~30℃条件下催芽 48 小时即可出芽、播种。

选择腐熟的有机肥和肥沃无病土按 7 : 3 的比例配制营养土，采用营养钵、纸袋或苗床育苗。选择无风的晴天上午进行播种，播前浇足底水，播后覆土 1.5~2 厘米厚。为防止苗期病虫害，覆土后喷施杀菌剂如多菌灵可湿性粉剂，以及杀虫剂如辛硫磷等。播种后至幼苗出齐前应保持日温 28~32℃，夜温不低于 20℃，争取 3~4 天出齐。幼苗出土后应注意通风，适当降低温度，白天控制在 20~25℃、夜间 12~16℃，防止幼苗徒长。定植前一周左右适当降低温度，白天控制在 15~20℃、夜间 5~8℃，进行幼苗锻炼，提高幼苗抗性。当幼苗长到 3~4 叶，株高 10~12 厘米，苗龄约 30 天时即可定植。

（三）定植

定植前 10~15 天应扣棚烤地，提高地温。结合整地每亩施优质腐熟农家肥 5000 千克、过磷酸钙 50 千克、三元复合肥 40 千克，按照大行距 70~80 厘米、小行距 50 厘米起垄，垄高 15~20 厘米，地膜覆盖栽培。

塑料大棚早春茬西葫芦定植时间应该在棚内最低温度稳定在 11℃以上，地温稳定在 13℃以上时进行，冀中南地区一般在 3 月中下旬定植，即当地晚霜结束前 35~40 天。

定植应选在晴天上午进行，在定植垄上按 50~60 厘米穴距开穴，穴中浇水，待水渗下后放入苗坨，用湿土封穴并把膜口封严。

二、大棚秋冬茬西葫芦育苗技术

秋冬茬大棚西葫芦一般可在 9 月中旬左右进行播种育苗，10 月上旬前后定植，10 月下旬开始采摘直至来年的 1 月中下旬结束，具有比较好的经济效益。

（一）品种选择

较抗病、长势强、品质优的短蔓早熟品种，如西星 1 号、西星 3 号、西星 5 号、早青一代等品种。

（二）育苗前的准备

每（亩）大棚按 72 平方米的苗畦育苗，要选择大棚内受光良好的中部位置，南北向长 6 米、宽 1.2 米的畦。营养钵采用废旧的报纸或牛皮纸等吸水透气良好的材料做成直径 12 厘米，高 14 厘米的圆筒，然后将以 60% 的肥沃田园土，加上 40% 充分腐熟的粪肥充分搅拌均匀，全部过筛后的营养土填满营养钵并做适当的镇压，待用。

（三）浸种催芽与播种

然后将种子放入干净无油污的盆内，倒入 55℃左右的热水烫种，并且要及时的朝一个方向不停搅拌至不烫手为止，持续时间20~30分钟后，再放到清水中继续浸泡 4~6 小时，然后用清水搓洗种子上的黏液，捞出后控去多余水分，晒至种皮发干后，用干净的湿布包好进行催芽。催芽须在 25~30℃ 的环境下进行，催芽期间若种子水分过大，易发生烂籽，所以每天须用温水冲洗 1~2 遍，晒至种皮发干再继续催芽。2~3 天开始出芽，3~4 天大部分种子露白，芽长 0.5 厘米即可播种。播种前应该先向营养钵浇一遍 30~40℃ 的透水，待水渗后用木棍在营养钵中间打直径为 2 厘米、深度为 6~7 厘米的孔，然后将催好芽的种子平放于孔内。播后再用过筛的细土覆平或稍微突起，厚度在 1.5 厘米左右，随后将营养钵逐一摆放在苗床内。播种后，为了保证幼苗出土快而整齐，白天温度应保持 28~30℃，夜间 18~20℃。一般 3~5 天可齐苗，幼苗 70% 出土后，苗床开始通风、降温，以防秧苗徒长。

（四）苗期管理

1.温度管理

幼苗出土子叶展开后，应及时降温。白天温度保持在20~25℃，夜间 10~15℃，形成高脚苗。从第一片真叶完全展开到定植前 7~10 天，白天温度要控制在 22~28℃，以加快幼苗生长。定植前 7~10 天，应降温炼苗，白天在 18~22℃，夜间 8~10℃，既可防止秧苗徒长，又可促进雌花分化，以培育出茎节短而粗壮且根系发达的苗壮秧苗。

2.肥水管理

第一片真叶展开后，可结合喷洒水进行叶面追肥，一般可喷用磷酸二氢钾 200 倍溶液 2~3 次即可。

3.定植

当幼苗长到 3~4 片叶时，即苗龄在 28 天左右时，即可定植。苗龄不可过长，因为西葫芦根系生长较快，木质化程度较高，根系过大，在移栽时伤根多，缓苗慢。

三、春茬西葫芦育苗技术

（一）选购良种

春季栽培西葫芦多采用育苗移栽，育苗移栽可提早上市，增加收益。春季栽培品种可选择一窝猴、阿尔及利亚西葫芦、早青、黑美丽等。

（二）种子处理

西葫芦播种前应进行选种、浸种、催芽和消毒处理。选种时除去杂物、小籽、秕籽，选留饱满大粒种子，栽种每亩地的用种量为 0.3 千克。选好种后，将种子放在瓦盆或其他无油污的容器中，先用凉水浸泡，然后捞起放到 50~55℃ 水中烫种，并不断搅拌，15~20 分钟后冷却至 25~30℃ 时继续浸种 4~6 小时。为减少种子病菌，捞出种子用 1% 高锰酸钾溶液浸种 20~30 分钟，或用 10% 磷酸三钠溶液浸种 15 分钟，捞出洗净装入湿纱布袋或瓦盆中放置 25℃ 温度下催芽，2~3 天后胚根长出 1 厘米左右即可播种。

（三）培育壮苗

西葫芦营养土的配制方法与黄瓜基本相同。播种时，将催好芽的种子直接播在装好营养土的 纸袋或纸钵中，中间不分苗。也可将种子均匀地撒播在装着经消毒并浇足水的锯末或沙子的育苗盘中，待子叶展开露出真叶后及时分苗到营养钵中。西葫芦种子较大，顶土能力强，播种后覆土厚度为 2 厘米，覆土过浅易出现戴帽出土。苗期一般不浇水，若苗床缺水，可在晴天上午喷水后及时覆土，以防止土壤板结。

（四）控制温湿度

西葫芦幼茎易过分伸长，形成徒长苗，因此严格控制温湿度是培育壮苗的重要环节。播种后，应保持较高的温度（白天 25~30℃，夜间 15~20℃），相对湿度为 80%~90%，一般 3~4 天即可出苗。幼苗出齐后注意适当降低温度，开始通风，白天温度应保持 20~25℃，夜间温度为 13~14℃。第一真叶出现到定植前 8~10 天，温度应维持在白天 20~25℃，夜间 10~15℃。定植前 8~10 天要降温炼苗，白天 15~20℃，夜间 6~8℃；定植前 2~3 天，白天温度可降至 6~8℃。西葫芦苗龄一般为 30~35 天。当幼苗长至 3~4 片真叶，株高达 15~20 厘米时即可定植。

四、秋茬西葫芦育苗技术

（一）品种选择

秋茬西葫芦应选择早熟、短蔓、耐热、抗病的品种。如：特早秀、珍玉 1 号、玉女等。

（二）育苗床配制

选择连续多年未种过瓜类作物的肥沃园土和充分腐熟的优质农家肥作为床土原料，按土肥比 2：1 的比例配置。每立方米床土外加 90% 敌百虫晶体 60 克，75% 福美双可湿性粉剂 80 克，土、肥、药充分混匀后过筛备用。

（三）苗床准备

将配制好的床土装入 10 厘米 ×10 厘米的营养钵内，苗床造成小高畦，畦长 10~15 厘米，宽 1.2 米。高 10 厘米。将畦楼平踏实，上面排放装好营养土的营养钵，钵间空隙用土塞满，苗床边缘的营养钵周围用土覆盖，以利于保持湿度。钵内浇透水以备播种。将种子放入 55℃热水中，不停搅拌，待水温降到 28℃左右时，捞出放在 0.3% 的高锰酸钾溶液中浸泡 20 分钟，捞出后用清水洗净种子，再放入 25~30℃的清水中浸泡 4~6 小时，然后用干净的湿纱布包好、放在 25~30℃的条件催芽，芽长 0.1~0.3 米时，即可播种。

（四）播种

将出芽的种子平放在吃足水且水已渗下的营养钵中，每钵 1 粒，播后覆盖 1.5~2.0 厘米细土。土上盖草遮阴。苗床上架竹拱，拱上加旧薄膜，膜四周卷起 40 厘米，膜上加盖遮阳网。

（五）苗期管理

（1）撤草　当 2/3 的种子出苗时，及时将草撤去。

（2）防雨　注意天气变化，雨前及时盖好薄膜，以防雨淋幼苗，引发苗期病害。

（3）加强通风苗床上薄膜只盖拱架的顶部，成为天棚，薄膜和遮阳网四周卷起 40~50 厘米高，用小竹竿固定在竹拱上。利于通风，防止幼苗徒长。

（4）及时防治病虫害　除在营养土中掺加杀菌剂外，苗期发生拌倒病时要用 50% 敌可松可湿性粉剂 800 倍液灌根。用 70% 甲基托布津可湿性粉剂 800 倍液或 66.50% 普力克水剂 1000 倍液喷洒防病。用 10% 毗虫琳可湿性粉剂 2000 倍液或 25.0% 天王星乳油 3000 倍液喷雾防治蚜虫和白粉虱。砧控制浇水苗期一般不旱不浇水，需要浇水时少浇勤浇，防止幼苗徒长。水中可加少量磷酸二氢钾和多菌灵。

（5）壮苗指标　西葫芦苗龄一般 25 天左右，具有 3 片真叶，叶色浓绿，叶柄与叶片等长。苗高 10 厘米，茎粗 0.5 厘米。苗子完整、无病无虫，根系发达。

第二节　日光温室冬春茬西葫芦栽培关键技术

日光温室冬春茬栽培的播种时间，以北纬 36°~ 41° 的华北中南部及京、津地区来说，多在 12 月中旬进行。为培育适龄壮苗，确保苗齐苗壮，达到早熟高产的目的，此茬西葫芦宜采取先育苗后定植的方法进行，一般不直播。育苗方法仍为营养方或营养钵育苗。具体方法可参照秋冬茬的育苗方式来进行。值得注意的是：由于此茬西葫芦育苗期间的气温为一年当中的最低季节。所以，加强育苗期间的温度管理至关重要。在浸种、催芽、播种后要确保气温在 26~32℃，以促进种子及早出土。待 4~6 天苗出齐以后，再适当降低温度，保持白天气温在 20~24℃，夜间 14~18℃。以后逐步降低温度，以防幼苗徒长，保持白天气温在 18~22℃，夜间 10%~14%，促使幼苗健壮，以达到炼苗的目的。

一、 适时定植

（一）定植前的准备

定植前 10~15 天，结合深翻 30 厘米左右整地，施足底肥。底肥以充分腐熟过筛的圈肥 6000 千克，磷酸二铵或过磷酸钙 40 千克为宜，要求起高垄定植，垄向南北，垄高 20 厘米，一垄栽一行，小行 60 厘米，大行 90 厘米（马鞍形高畦），平均行距 75 厘米左右。

（二）定植

为了更好地利用温室空间，做到合理密植，小垄双行之间要采用三角形定植法，即小垄上两行采用错开插空定植。定植时要注意以下几点：一是定植应选择在连续晴天上午进行，以利于缓苗及幼苗的生长发育，切忌阴天定植。二是适龄定植。一般 1 月中旬前后，日历苗龄 28~30 天，生理苗龄两叶一心。土方外密布须根时，即可着手定植。定植过早，叶片营养面积过小，生长缓慢；定植过晚，根系木栓化，缓苗慢，易形成老苗，推迟结瓜或瓜条变短。三是运苗过程中要尽量不使叶片受伤，特别是要保护好两片子叶，要求带大土坨定植，少伤根或不伤根。因为这些对以后的花芽分化及产量形成，瓜条形状品质有直接的影响。四是定植穴内要浇透 3000 倍的绿亨一号农药水，防止后期烂秧或烂根。随后浇足定植水，定植水要浇深浇透。五是坐水栽苗，定植深度要均匀一致，以埋没根系为宜，株距 50 厘米，亩栽苗 1800 株左右。另外，定植后要重新修整畦面，做到整齐一致，便于覆膜。

二、定植后的管理

（一）缓苗期间

将垄面划锄疏松，便于根系向下伸展，并将垄面垄沟重新修整，做到南北沟底（暗沟）水平或略微北高南低，便于以后浇水。

（二）覆盖地膜

定植后 7~10 天缓苗后，选择白色透明膜，宽度以 1 米为宜，将地膜覆在行距 60 厘米的小垄距间，盖膜时将膜两侧剪开将苗放出，放苗口要用刀片或剪刀轻轻划破，杜绝用手撕破。要使地膜紧贴垄面，做到铺平，拉紧，边缘用土压严。此项措施关系西葫芦能否安全越冬，应严格按规定去做。

（三）控制徒长

需要特别注意的是西葫芦定植后，根瓜未坐稳前。如遇高温多晴天气，再加上肥水充足很容易出现徒长。一旦徒长，叶片肥大，节间拉长，互相遮荫，化瓜严重，坐果困难，严重降低效益。如果发现徒长，可用多效唑 (PP333) 进行控制，但必须注意使用的浓度和使用剂量，一旦超过用量极易造成危害，否则药害难以消除。其在冬玉西葫芦上施用的浓度为 2 克药液对水 15 千克 (正好是一喷雾器水容重)，配置溶液前先往喷雾器中加水 5 千克，然后再加药，混均匀后加水至 15 千克，50 米日光温室只喷一喷雾器，且要全棚均匀用药，也可旺长部分多用，不旺长部分少用或不用。喷药的第 5 天之后，叶片明显变黑，即已起作用，此时每隔 4~5 天喷 1 次蔬菜灵，增加坐果量，效果特别明显。需要注意的是不管使用哪一种激素控制徒长，一般情况下只能用 1 次，不可连续使用，其次冬季或入冬前忌用，再者是早春瓜码特别密时 (一叶一瓜) 忌用。

三、采收期的管理

该期管理的重点是正确涂抹激素以保证成瓜的商品性和防止瓜秧、瓜叶过旺生长，协调营养生长和生殖生长，以保证幼瓜迅速膨大。一般定植后 35 天左右即可开花结瓜，结瓜后连续采收，管理水平高的采收期可延长到翌年 6 月，时间长达 180 多天，在管理上不同时期差别较大，不同气候条件，不同土壤，不同瓜秧长势其管理方法也不尽相同。

（一）搞好授粉，准确应用激素，促进坐瓜调整瓜形

西葫芦在正常年景第一花一般是雌花，如果让此瓜坐住，一是利用激素处理，二是借其他植株上的雄花进行授粉。如果瓜秧长势较弱，根瓜可能短粗，失去商品价值，也可提前将该瓜疏掉。第二花一般为雄花，雌雄花开放的时间一般在早晨4：00－6：00（阴雨天可推迟开花），上午9：00－11：00时可见到雄花花粉散出，此时为授粉的最佳时期。授粉的具体方法是：先观察一下雄花是否产生花粉（营养不良，气候反常及阴雨天，湿度大时花粉质量不高），试验的方法是，用手指抹一下雄花花蕊，发现手上沾有黄粉时即为花粉成熟，可开始授粉。将雄花取下，去掉花冠（花瓣），对准雌花的柱头，轻轻摩擦，使柱头授粉均匀，否则易长成畸形瓜。

在温室内昼夜温差大、空气相对湿度大的情况下，雄花数量将锐减，直到整棚找不到一朵雄花，出现全雌花现象，而且每个叶腋间都着生雌花，群众称一叶一瓜或节节见瓜，这种情况下生产上常用的方法是激素处理坐瓜。生产上常用的坐瓜激素是2,4-D、保果宁等。使用浓度与下列因素有关：一是温度的高低，在高温情况下，浓度宜小，低温情况下浓度宜大；二是与植株长势有关，长势旺时，浓度宜大，长势弱时，浓度宜小。保果宁与2,4-D相比，具有以下两大优点：一是在正常范围内应用，安全性好于2,4-D，也就是不容易发生毒害和畸形瓜。二是保果宁本身含有防治灰霉病的成分，在应用沾花后除帮助坐瓜外，还能兼治灰霉病，效果很好。使用激素涂抹幼瓜时应注意以下几点：一是选晴天上午9：00－10：00涂抹，阴雨天或下午一般不涂抹，否则不仅坐瓜率低，而且还易出现各种畸形。二是严格掌握用量，不可超量应用。三是注意涂抹方法。最好的涂抹方法是：用毛笔沾药，一瓜一沾，第一笔快速轻涂柱头一下，第二笔在幼瓜身上由尾部向瓜把方向轻抹一笔。按以上顺序涂抹的瓜，采收时瓜条顺直，细长，商品性好。四是涂抹的时间应在该瓜雌花开放时或开放前1天。五是激素中要加入标记色，只涂1次，不可重复涂抹。

（二）搞好肥、水、温、气的调控

1. 肥、水管理

定植后至采收根瓜前一般不需浇水追肥，此时若浇水过多，容易引起徒长，导致产量推迟，引起根系上浮（常见地膜下有白色根群），降低越冬安全性。此阶段缺肥时，可进行叶面喷肥处理。采收第一瓜前后可浇第1次水，其方法是在膜下暗沟内灌入，切忌不要使水流到地膜之上。随水可追施少量化学肥料，以氮、磷、钾复合肥为主，每亩用量控制在10~15千克。浇水施肥后要及时放风排湿，防止病害发生。第二次浇水一般是在第1次浇水之后15天左右进行，由于连续采收，消耗一部分养分，故此次浇水要加大追肥量，肥料种类以硝酸钾为主，配合部分硫酸钾三元素复合肥，每亩总追肥量在15~25千克。钾肥不仅提高产量和品质，而且在低温下容易吸收，对安全越冬有利。进入寒冷的深冬季节，应适当减少浇水次数，因为大量浇水往往降低地温，增加温室湿度，给管理带来不便。深冬季节追施肥水应注意以下几个问题：一是要看天施肥水，一般浇水后能保持4~6天晴天，则基本不影响生长。在阴雨天禁止浇水追肥。二是看瓜秧长势决定是否浇水，瓜叶偏大，色淡，卷须直立，节间拉长，生长点突出，则表明此的不缺水，否则，叶片变小，色黑，卷须盘圈，节间缩短，生长点萎缩，则表明此时植株缺水，应进行浇水追肥。三是浇水时一定要在晴天上午进行，阴天或下午不浇水。四是一般提倡用井水或预热后的水，忌用河水或长距离经地面输送的井水。五是浇水量宜小不宜大。六是提倡隔行浇水，即第一天浇2行、4行、6行……；第二天浇1行、3行、5行……。这样做不致使温室内地温一次性降低过大而影响生长。七是在浇水时可随水冲入化肥水，但化肥的种类要求很严，首先是要求挥发量小或不挥发的肥料，其次是要求在低温情况下（土壤微生物少）能被西葫芦迅速吸收利用的肥料，通过生产实践，追施速效复合肥，在冬季日光温室西葫芦生产中增产效果比较好。

2月中旬之后，随天气变暖，应逐渐加大浇水施肥量，早春季节沙土地每隔 4~5 天浇一水，粘土地每隔 6~7 天浇 1 次，每浇两次水可追一次肥，并且此时要逐渐加大浇水量和追肥量，肥料种类要求也不太严格，一般每次亩追施三元速效复合肥 25 千克，或腐熟粪稀 50~100 千克，随着肥水量的增加，放风排湿工作也要跟上，必要时夜间也要放风排湿。进入 5 月以后，浇水量再次加大，除供植株吸收利用外，还起到降温作用，6 月可适当将水分浇至地膜外的大沟内。整个生育期所追肥料，要求先将肥料化成水溶液，再随水施入，这样做主要是提高作物吸收利用率。在操作时应注意以下两点：一是选择安全不具有挥发性的肥料，有机肥一定要充分腐熟，以防出现烧苗、熏苗现象发生。二是有些进口肥料如硝酸钾、硝酸钙等在肥料颗粒表面附加了保护膜，这层保护膜在凉水中溶解很慢，所以在溶解时要用热水并多加水充分搅拌，直至化均匀后再施用。生长期间除进行根系追施外，还应在初瓜期、盛瓜期进行 3~4 次的叶面喷肥，叶片正反面均要喷匀。

2. 温、气的管理

生产上保温和提温的措施有以下几种：一是设计和建造好达到标准的日光温室，墙的厚度，高度，采光面弧面角度，缓冲间及温室进出口的密封程度和后坡的覆盖保温程度等都要达到标准要求。二是选购好升温保温材料。棚膜应选用聚乙烯无滴防老化复合膜，厚度 0.08~0.10 毫米。地膜应选用 1 米左右宽的白色膜进行覆盖，草苫厚度达到 5 厘米左右，而且长度北至后墙顶，南余地面 30 厘米，草苫之上再盖一层整体的防雾膜，此膜对保温关系密切。除此之外，每天要拖擦棚膜去掉灰尘，提高透光率。棚内后墙上张挂反光幕，防寒沟、防寒裙等都是保温提温的良好措施。生产中气的管理，主要是设法增加温室中二氧化碳的含量。方法是将稀硫酸溶液，盛入大口的塑料桶内（桶高 40 厘米，口径 35 厘米），硫酸液面应与塑料桶口相距 20 厘米以上，将盛硫酸的塑料桶均匀的分布在温室内（每温室放桶 6~7 个）。在温室外把碳酸氢铵用塑料袋分装好（每袋重 250~300 克），要求包装严密，不挥发氨气。在西葫芦生长盛期的晴天上午，将盛装碳酸氢铵的塑料袋剪开一小口后投放到盛硫酸的塑料桶内，并用木棍下压使其沉底，桶表面立即产生大量气泡，即二氧化碳气体。温室内投放碳铵的数量按温室的面积推算，一般为每平方米5克左右。施用二氧化碳气肥要注意以下几点：一是只能晴天上午8：00–10：00应用，阴雨天、下午及夜间不能施用。二是施用后必须保证温室处于密闭状态，不能放风及开门。三是施用时应从远离温室门口的一端向近门口的一端推进，保证人身安全。四是用完的残液（加入碳铵后不再有气泡产生），不要直接倒入作物根系附近，以防产生药害。施用二氧化碳气肥时，能明显改变西葫芦品质和产量，叶色浓绿，坐瓜率提高。

3. 搞好植株长势的调整，保证丰产稳产

植株生长势的控制主要是通过吊秧的调整，老叶的去留，采瓜的早晚以及喷施植物生长调节剂等措施来实现。

（1）关于吊秧问题。西葫芦吊秧是调节长势，增加生长空间，合理利用光能，增产增效的一种新的栽培措施。一般矮生西葫芦在日光温室高温高湿的条件下，表现一定的徒长迹象。因此最好采取吊秧栽培。吊秧多在根瓜膨大期进行。在吊秧栽培中应注意以下几点：一是铁丝架设要高，要求离开棚膜30厘米，架设矮了空间利用率低，降低产量。二是所用吊绳必须选择抗老化的聚乙烯高密度塑料线，保证全生育期不老化，否则，一旦因老化而折断，将造成损秧毁叶而影响产量。三是通过吊绳可调节瓜秧的长势，当出现徒长而坐瓜困难时，应将生长点向下弯曲，绑成"U"形，我们称其回龙绑蔓。当瓜秧偏弱生长时，可将生长点夹在吊绳缝中让其直立生长，另外，不论瓜秧高矮是否一致，通过吊秧、盘秧等措施，要使瓜秧的生长点由南到北成为一稍微倾斜的斜线，达到北高南低，相差20厘米左右，以使受光均匀，产量一致。四是在吊法上吊绳的下端用一活扣固定在植株上或用死扣系在叶柄上，上端用活扣系在铁丝上并应多余一部分，以便后期落秧时随秧一起下落，调节植株的株距及行距，做到合理摆布，充分见光，争取最高产量。

（2）适时去除老叶。长势旺盛的品种，如冬玉西葫芦，在不加任何激素控制的情况下，叶片肥大，采完第二瓜后立即出现封垄现象，由于冬季温室内湿度大，放风少，加之瓜秧前期又旺，整个叶柄充满了水分，去掉叶柄后在茎秆上就会造成伤疤，之后极容易从此处软腐，使茎秆烂掉，造成损失。如果前期施用了矮化激素，达到了叶片变小，叶柄变粗的目的，则春节以前没有必要去老叶，春节以后根据长势及叶片老化程度再做决定是否去叶。但前期没有用矮化激素处理，此时叶片已大，叶柄已长并光照恶化，严重影响坐瓜时，就要适当去掉一部分老叶，但去老叶时要注意以下问题：一是选晴天上午去叶，去后加强放风排湿，使伤口干燥早愈合。二是只去叶片，保留叶柄，使叶柄中空部分不暴露在空气中，待温室内干燥后自然变黄枯萎。三是每次去叶数量一般单株在1~3片片内，一次性去叶过多时影响长势和产量。四是去掉叶片后的单株最少应保持在8片成年叶以上，否则缓秧困难，瓜条畸形。五是采瓜或去叶造成茎上有伤口时，应用多菌灵，绿亨一号等杀菌剂及时涂抹防治，阻止病菌浸入危害。六是将去掉的老叶带出棚外深埋，防止病菌的传染。

（3）通过坐瓜及采瓜来调节植株的长势。一般来讲，浇水是在采瓜以前进行的，这样做有两大好处，一是增加了瓜条的重量，二是不容易使植株因徒长而坐果难。另外，瓜秧特别旺时，可同时单株留瓜3~4条，并适当推迟采收(采大瓜)；如果瓜秧生长偏弱时，可留单瓜生长，并及时采收。遇特殊情况出现花打顶现象时，应及早去掉顶端幼瓜，保证正常的生长优势。

（4）保鲜平衡采摘法。若少数植株因个体差异，出现成熟大瓜而又没到定时批量销售时间，此时可用手轻轻转拧，使其80%瓜把部分断开母茎，余下20%瓜把部分与主茎相连，这样既可使成品瓜不阻碍养分、水分向上输送，也不影响主茎上部幼瓜的膨大，且能使商品瓜保鲜至出售时仍然鲜活光亮且重量不减。

（5）用药剂喷施增长点。若幼瓜膨大缓慢，瓜秧、瓜叶生长过快过旺时，可每50米长日光温室，用多效唑2克对水15千克喷施生长点。

第三节　日光温室早春茬西葫芦栽培关键技术

西葫芦又称美洲南瓜。在我国中西部地区日光温室内可进行早春茬栽培和秋冬茬栽培，是晚秋、冬季和早春的重要蔬菜。由于西葫芦对外界条件的适应性较强，产量高经济效益好，近年来在日光温室内栽培面积不断扩大。

一、对外界条件的要求

（一）温度

种子发芽最适温度为 20~30℃，20~25℃下发芽较慢而整齐，低于 13℃不能发芽，高于 35℃发芽率下降。幼苗生长适温白天为 18~22℃，夜间 8~12℃，花芽分化最适温度白天为 20℃，夜间 10℃。开花坐果期适温为 22~25℃，低于 15℃高于 35℃授粉授精不良。光合作用最适温度 20~30℃。夜温 13~15℃，可促进光合作用产物运转，在 8~10℃下受精的果实可以膨大。根系生长的最适地温为 20~22℃，根毛发生的起始温度为 12℃，最低可忍受 6~8℃的地温。

（二）光照

西葫芦对光照强度的要求低于黄瓜。光饱和点为 41700 勒克斯，光补偿点为 1700 勒克斯，在开花坐果期和果实膨大期要求较充足的光照。西葫芦属于短日照蔬菜，幼苗期 8~12 小时短日照下可促进雌花形成。

综合西葫芦对温度光照条件的要求，在日光温室内栽培可比黄瓜提早 20~30 天定植，试验结果表明，西葫芦温室越冬栽培，产量较高，经济效益好。

（三）水分

西葫芦喜欢湿润而不耐干旱，有"水葫芦旱西瓜"之称。幼苗期较耐旱，土壤相对湿度为 50%~60%；果实膨大期需水较多，土壤湿度为 60%~80%。土壤湿度在 40% 以下或在 90% 以上使光合作用下降。高温干旱易发生病毒病，土壤和空气温度大或忽干忽湿易发生白粉病，空气湿度大，易发生灰霉病。

（四）土壤和营养

西葫芦对土壤要求不甚严格，砂土和砂壤土地温高，有利于缓苗发根，可提早上市。对土壤和酸碱度适应较高，其适应范围 pH 值为 5.5~6.8。比黄瓜需肥多，生产 1000 千克果实产品需氮 5.47 千克，磷 2.22 千克，钾 4.09 千克。然而，因西葫芦根系发达，吸肥力强，又比较省肥。对矿物质营养吸收能力是：钾 > 氮 > 钙 > 镁 > 磷。

二、品种选用

目前，生产上栽培面积较大的有早青一代、黑美丽、绿宝石及黄色果皮的香蕉西葫芦等。

三、茬口安排

早春茬可比黄瓜提早定植 20~30 天，12 月至 1 月播种育苗以 1 月下旬至 2 月上旬定植为宜，3 月中下旬上市，6 月上旬拉秧；秋冬茬 8 月下旬播种，9 月下旬定植，11 月上旬采收，可延迟到翌年 4 月下旬。

四、育苗技术

（一）壮苗指标

株高 15~16 厘米，茎粗 0.4~0.5 厘米，具有 2~3 片真叶，节间短，株形紧凑，根系发达，无病虫为害。为了达到壮苗指标，育苗时应做到：土坨要大（10~12 厘米）、苗令要短（日历苗令 30~35 天）、温度要低（育苗期白天 18~22℃、夜间 8~10℃）。

（二）播种

每亩需要种子 500 克。将种子泡在 60~62℃温水中 10~15 分钟，进行消毒，然后浸种 8~10 小时，沥干后用湿纱布包好，在 25~28℃下催芽 48 小时。育苗的营养土配合比例为有机质与肥园土各半。充分混合装入塑料杯内，灌水后，每杯播种 1 粒已发芽的种子，覆土 2.0 厘米厚，为了提高地温，在育苗床可铺设地热线。

（三）苗期管理

播种至出苗，白天温度 25~30℃，夜间 16~20℃，经 3~4 天可出齐苗；出苗后为了防止幼苗徒长，应降低温度，白天温度 20~22℃，夜间 10~12℃，既能使幼苗健壮生长，又可促进雌花分化。育苗后期，对幼苗进行低温锻炼，白天温度 18~20℃，夜间 6~8℃。塑料杯育苗，应掌握控温不控水的原则，幼苗显旱应进行灌水，一般育苗期灌水 2~3 次。为了使幼苗生长整齐，应采用移动倒苗方法，将大苗倒放在温室苗床的南侧，较小的苗放在苗床中部光温较好的位置，倒苗时可适当加大苗钵之间的距离，使秧苗整齐而健壮。

五、栽培技术

（一）整地施肥

西葫芦根系发达，吸水肥力强，每亩施充分腐熟有机肥 3~4 吨，磷二胺 20 千克，翻地两遍，深 20~25 厘米，在施肥方法可采收集中施和普遍施相结合的方法，将 2/3 的有机肥撒开普施，将 1/3 的有机肥进行条施或穴施。然后作成垄宽 60 厘米，沟宽 40 厘米，高 15 厘米的高垄，然后覆盖地膜。

（二）定植后管理

早春，当 10 厘米的地温稳定在 8~10℃以上。气温稳定在 3℃以上，白天 20℃以上气温维持在 5~6 个小时，约 2 月初即可定植，行距为 1 米，株距 40 厘米左右，每亩定植 2000 株。选"冷尾热头"晴天上午进行。定植时开穴灌埯水，用湿土封埯，经 2~3 天后再灌水一次；幼苗成活后，选择晴天，进行一次沟灌，灌水后地表见干，对垄沟进行一次中耕使土壤疏松。秋冬茬在 9 月初定植，选择阴天下午进行，定植后为了防止高温死苗，可以覆盖遮阳网防高温避强光，促进缓苗。

在开花坐果期，白天温度 20~25℃，夜间在 15℃以上；果实膨大期大期白天温度 20~23℃，夜间 13~15℃。

在水肥管理上，幼苗期至开花坐果之前，以中耕保水，控水控肥为主，防止因土壤水肥过多而出现徒长或"疯秧"。根瓜果实开始膨大时，结合灌水每亩追施磷酸二胺 15~20 千克，第二、第三个果实膨大时进行第二次追肥，每亩追施尿素 20 千克。灌水追肥后注意放风排湿，防止灰霉病的发生。

（三）保花保果

西葫芦在温室内栽培易出现化瓜，必须进行人工辅助授粉，其方法是每天上午 6：00 - 10：00，采下雄花去掉花冠，将雄花的雄蕊轻轻的在雌花柱头上涂抹，即可完成人工授粉，每朵雄花可授 3~4 朵雌花。用 20×10^{-6} 的 2,4-D 或 60×10^{-6} 防落素处理柱头和果柄，可防止化瓜，促进果实膨大。向幼果柱头喷施 0.1% 速克宁药液，可防止灰霉病为害幼果。

（四）植株调整

1. 吊蔓

冬春季节栽培西葫芦，为了通风透光良好。每株用尼龙绳进行吊蔓，使植株直立生长。

2. 整枝摘叶

西葫芦以主蔓结瓜为主，对于侧枝应及早摘除；西葫芦叶片大，叶柄长，易相应遮光，应将病叶、黄叶、残叶和老叶及早摘除，可促进通风透光和防治病害的传染。

3. 更新整枝

生长后期，中下部叶片老化，植株生长势较弱，应将中下部叶片摘除，选择上部 1~2 个侧枝，打顶后代替主蔓结果。

六、采收

西葫芦以鲜嫩、顺直的幼果为产品，当幼果长至 0.5~1.0 千克应采收上市。特别是第一、第二个果实更应及早采收可防止"坠秧"，保证高产。幼果采收后，用毛边纸包好，装箱上市。

七、病虫防治

（一）灰霉病

灰霉病首先在开花期由雌蕊柱头部位浸染子房，使幼果顶部发霉而腐烂，失掉产品价值，除加强放风排湿外，可喷施 50% 速克宁 1500~2000 倍液；58% 瑞毒霉素 1000~1500 倍液；也可用百菌清烟雾剂熏烟。

（二）白粉病

药剂防治用 20% 粉锈宁乳剂 2000 倍液；50% 硫胶悬浮剂 300~400 倍液；70% 甲基托布津 1000 倍液；福星 800 倍液。另外，用小苏打 500 倍液，食盐水 300 倍液也有一定防治效果。

（三）蚜虫

用 40% 溴氰菊脂乳剂 3000~4000 倍液；1.8% 爱福丁乳油 1000~1500 倍液；10% 吡虫啉可湿性粉剂 1500 倍液防治。

第四节　日光温室秋冬茬西葫芦栽培关键技术

一、品种选择

选择早熟、耐低温弱光、抗病的西葫芦品种，如早青一代、寒玉、冬玉、百利、玉龙、碧波等品种。

二、适时播种

秋延后西葫芦播种过早，易感染病毒病，播种过晚，影响产量，据市场需求结合气候特点于 8 月中旬播种育苗，9 月中旬定植，10 月中旬开始收获；越冬茬西葫芦于 10 月上旬播种育苗，11 月上旬定植，12 月中旬开始收获。

三、培育壮苗

（一）浸种催芽

将种子先用冷水浸泡，然后放到 50~55℃的温水中烫种，并不断搅拌，保持 20 分钟左右，待水自然冷却后浸种 4~5 小时，用 10%磷酸三钠溶液浸种 20~30 分钟或用 1%高锰酸钾浸种 30 分钟，用清水冲洗干净，用干净持水充分的湿布或毛巾包裹放入催芽器皿，25℃左右放置 24 小时，当种子充分吸水膨胀开始萌动时播种。

（二）配制营养土

用腐熟的猪牛粪 50%、炒过的锯末或炉灰 30%、田土 20%混合均匀后，再在每立方米混合物中加入硫酸铵 6 千克、过磷酸钙 10 千克、草木灰 10 千克配制成营养土，铺在育苗畦上，厚 12 厘米，耙平踏实，用 50%多菌灵可湿性粉剂与 50%福美双可湿性粉剂按 1：1 混合，或 25%甲霜灵与 70%代森锰锌按 9：1 混合，按每平方米用 8~10 克与 15~30 千克细土混合，播种时 1/3 铺于床面，其余 2/3 盖在种子上面。

（三）　及时播种

选晴天，先给苗床内浇足底水，水渗后每营养钵播 1~2 粒经催芽处理的种子，播后覆 1.5~2 厘米细土，播种后盖好地膜，高温天气应做好遮阳措施。一直到出苗之前，日温控制在 25~30℃，夜温 14~16℃。

（四）　苗期管理

由于西葫芦根系较大，极易徒长，幼苗期要尽量控水蹲苗，以使植株健壮，一般不旱不浇。出苗后应降低温度以防徒长，白天应保持 20~25℃，夜间 10~15℃，从子叶展开到第 1 片真叶时期，宜降低夜间温度，保持白天 20℃、夜间 10~13℃，以促进雌花分化，定植前 10 天要加大通风量，降温练苗，夜间保持 5~8℃。

四、定植

（一）定植前准备

西葫芦根系较发达，具有较强的吸水力和抗旱能力，宜选择比较肥沃、水肥条件较好的前茬未种瓜类的地块种植。耕地前，每亩施优质腐熟农家肥 3000~4000 千克、磷酸二铵 20 千克、尿素 8 千克、硫酸钾 30 千克，同时用土壤杀菌剂或重茬剂处理土壤，以防重茬或病虫害影响品质与产量。

（二）定植时间

定植时间要以苗龄而定，当幼苗第 1 片真叶完全展平第 2 片真叶半展时 (出苗后 15~ 20 天) 即可开始定植。定植过早，虽然成活率很高，但叶片营养面积小，生长缓慢，而且也不利于次生根的迅速生长；定植过晚，苗龄偏大，叶片水分蒸发快，根系易木栓化，定植后子叶易干缩，缓苗较慢，易形成小老苗，常造成前期瓜条粗短及银叶病的发生。

（三）定植

选晴天下午或阴天，将生长健壮、根系完整、株型紧凑、苗龄 20 天左右的幼苗，在定植垄上宽窄行按大行距 1.0 米、小行距 60 厘米、株距 45 厘米定植。定植后浇透定植水，以利缓苗。

五、田间管理

（一）温度管理

定苗后白天保持 25~30℃，夜间 15~18℃，超过 25℃应及时放风，温度降到 20℃左右关闭风口，夜间保 持 15℃左右。

（二）肥水管理

苗期如遇干旱应及时浇小水，以促进根系发育，增强抗病能力。一般雌瓜长到 10 厘米左右开始浇水追肥，以后根据采瓜量及秧苗长势适时浇水施肥，既应防止水大肥足秧苗疯长，又要防止因缺水果实生长缓慢，影响产量和品质。结瓜期一般 10~15 天浇水 1 次。每 7~10 天喷 1 次叶面肥，以补充养分，增加产量。

（三）人工授粉

日光温室西葫芦秋延后生产后期气温偏低，花芽分化受阻，雌雄花比例失调，加之昆虫少，雌花授粉困难，容易造成化瓜现象，必须进行人工授粉。一般于上午 9：00 – 10：00 授粉，采下刚刚开放、颜色鲜艳、花冠直径较大的雄花，去掉花瓣，把雄蕊的花粉轻轻涂抹在雌花的柱头即可。一朵雄花可涂抹 2~3 朵雌花或用 25~30 毫克 / 千克的 2,4-D 涂抹花梗和柱头。授粉后第 2 天下午，如果雌花花柄弯曲下垂生长，子房前端开始触地，说明授粉成功。否则需要重新授粉。人工辅助授粉技术是保证或提高秋西葫芦的坐瓜率，获得高产稳产的一项重要措施。

（四）整枝吊蔓

为促进瓜的生长、增加通风透光率、防止灰霉病的发生，应及时打掉侧枝、卷须，待瓜蔓伸长 15 厘米左右应及时整枝吊蔓，这样既可防止瓜蔓匍匐引发灰霉病的发生，又可使采瓜、授粉时操作方便，防止茎叶机械损伤，预防病菌侵染。

六、病虫害防治

西葫芦的主要病害有白粉病、病毒病、灰霉病。虫害主要有蚜虫、白粉虱及斑潜蝇。

（一）非化学防治

（1）棚室消毒。每亩棚室用硫磺粉 2~3 千克，加敌敌畏 0.25 千克，拌上锯末，分堆点燃，然后密闭一昼夜，经放风，无味时再定植。

（2）设防虫网阻虫温室大棚通风口用尼龙网纱密封，阻止蚜虫迁入。

（3）铺设银灰膜驱避蚜虫每亩，铺银灰色地膜 5 千克，或将银灰膜剪成 10~15 厘米宽的膜条，膜条间距 10 厘米，纵横拉成网眼状。

（4）黄板诱杀。用废旧纤维板或纸板剪成 100 厘米 × 20 厘米的长条，涂上黄色油漆，同时涂上一层机油，挂在行间或株间，高出植株顶部，每亩挂 30 ~ 40 块，当黄板粘满蚜虫时，再重涂一层机油，一般 7~10 天重涂 1 次。

（5）调节温、湿度控制发病。在晴天上午晚放风，使棚温迅速升高，当棚温升至 30℃时，开始放顶风。当棚温降到 20~25℃，湿度降至 50%~60% 时，关闭通风口，使夜间棚温保持在 12~ 15℃，湿度保持 70%~ 80%。能有效控制灰霉病的发生。

（二）药剂防治

白粉病多发生在中后期，可用粉必清悬浮剂或粉锈宁乳油或可湿性粉剂喷雾。病毒病要在防治蚜虫、飞虱等虫害基础上，用病毒灵或病毒 A 可湿性粉剂或病毒一次净加细胞分裂素喷雾。灰霉病用速克灵或扑海因喷雾，也可用百菌清烟熏剂在傍晚点燃释放，或在 2，4–D 溶液中加入速克灵可湿性粉剂进行蘸花。不同配方可交替使用。防治蚜虫、白粉虱及斑潜蝇可用吡虫啉喷雾，敌百虫烟剂熏杀或黄色板诱杀，3 天后重复 1 次。

七、采收

日光温室栽培西葫芦以嫩瓜为产品，一般授粉 5~8 天即可采摘。及时采摘，不仅瓜鲜嫩、品质佳，更重要的是可以提高结瓜率，增加产量。

第五节　塑料大棚春季西葫芦栽培关键技术

一、品种选择

宜选用抗病、耐阳、耐低温、耐湿、早熟、丰产的品种，如"早青一代""早丰""寒玉""京葫"系列等。

二、 适时播种，培育无病壮苗

（一）播种期的确定

播种期的确定是西葫芦栽培管理中的关键技术之一。播种过早，影响前茬作物产量，同时温度过低易造成育苗和定植困难，进而影响产量；播种过晚，生长期短、产量低，同时影响下茬作物的定植。播种、育苗期的确定主要根据大棚的安全定植期而定。塑料大棚的安全定植期是距地面 10~15 厘米土壤温度不低于 11℃即可定植，沈阳地区为 4 月上旬。

（二）种子消毒

为了减少种子带菌的机会，对种子进行灭菌消毒。播前将种子晒 1~2 天，放入 50~55℃温水中不停搅拌至水温 30℃，再放入 10%磷酸三钠溶液中浸泡 20~30 分钟，或者 0.2%高锰酸钾 2000 倍液浸泡 10 分钟，冲洗干净后直接播种。也可以将种子粘液搓洗干净后，用干净纱布包好于 23~28℃条件下催芽，每天用温水冲洗 1 次，待芽长至 1 ~ 3 毫米时即可播种。

（三）播种及出苗后管理

由于早春季节温度比较低，需要用电热温床播种育苗。

将事先浸泡好的种子或带芽的种子播于装满育苗 基质的营养钵或者穴盘内，育苗基质需要加入消毒剂进行消毒，每 1000 千克基质中加 50%多菌灵可湿性粉剂 100 克，或用 65%代森锰锌可湿性粉剂 300~400 克。出苗前温度控制在 25~28℃，出苗后 18~20℃。当幼苗长到 1 叶 1 心时喷施多菌灵等杀菌剂防治苗期病害。此时期幼苗缺水时，要用事先准备好的接近于室温的水喷洒幼苗而不要直接用凉水浇灌。温床育苗苗龄为 30~35 天。

（四）壮苗标准

幼苗根系洁白，根毛发达， 3 ~ 4 片真叶，下胚轴长度不超过 6 厘米，直径 0.5 厘米以上；子叶完整无损，肥而厚，全绿；真叶水平展开，色绿而稍浓，株冠大而不尖，生长势强。

三、定植前的准备

（一）栽培棚的准备

定植前 1 周，进行棚地整理。彻底清除前茬作物残枝败叶、杂草等地表所有杂物，然后深翻 20 厘米冻伐或暴晒，最好在翻地前喷洒多菌灵等杀菌剂灭菌。

（二）整地施肥

施肥应以有机肥为主，其他肥为辅。由于该季生长期较长，有机肥的施入量可酌情增加，一般每亩施充分腐熟的有机肥5000 千克、加施过磷酸钙 50 千克或磷酸二氢铵 20 千克，硫酸钾 30 千克，三元复合肥 50 千克。尽量 多施入作物秸秆、菇渣等有机物料，结合生物菌肥，深翻土壤，增加土壤中有益菌数量，改善土壤微生物环境。平整地块做成宽 80 厘米、高 20 厘米的垄，并覆黑色地膜。

四、 定植

定植前 16~20 天扣棚。定植密度因品种而异，一般每亩栽1600~2000 株。定植时宜选晴好天气上午进行，株距 60~70 厘米，用打孔器破膜开穴，浇透定植水，随即将无病虫、健壮、带土坨的幼苗植株放入穴中，然后覆土。

五、定植后的管理

（一）环境调控

定植后至缓苗前的 5~7 天密闭大棚，棚温控制在白天25~30℃，夜间 15~18℃。缓苗后适当降温，白天 20~23℃，夜间11~13℃。此时要注意中耕培土，以利于保墒、提高地温、促进根系生长。定植后的 25 天左右为结瓜前期，此时期要控制浇水及施肥次数，以促根壮秧，提高植株抗性。可以选晴天上午喷施磷酸二氢钾等叶面肥，这样避免随水施肥而导致湿度增大、病菌产生。结瓜后加大肥水供应，根瓜坐住后 3 天根据墒情开始浇水。每次采瓜前 2 天浇水、采瓜后 3 天内不浇水，每周浇 1 次水，2 次水 1 次肥，追施速效肥和农家液体肥，并结合施用微量元素肥和生物菌肥，以提高植株抗性，防止早衰，提高瓜条质量。切忌不要在阴雨天浇水施肥。

（二）植株调整

及时用剪刀等利器打掉植株侧枝和下部的老叶、病叶、黄叶，调节营养生长和生殖生长平衡，有利于通风透光，并且立即喷洒农用链霉素或加瑞农等药剂以防止病菌侵染。为了增强通风透光性可采用吊蔓栽培。当植株长到 8 片叶左右时开始吊蔓。通过吊蔓，使西葫芦形成良好的群体结构，充分利用空间的光、热条件，有利于植株生长和以后的授粉、施药、采瓜等农事操作。从此时期开始温度逐渐升高，为了防止植株徒长，可喷洒 15% 多效唑1500 倍液或植物诱导剂 800 倍液灌根 1 次再喷洒 1 次，以保证结瓜前植株茎秆粗壮、茎节短、叶色正、叶片肥厚。

（三）保花保果

根瓜采收后即开始进入结瓜盛期，为了防止化瓜，要适当疏花疏果。长势弱的植株及早摘掉根瓜，以后每 3 节留 1 个雌花；长势强的植株可保留根瓜，但时间不要太长，以后每 2 节留1 个雌花。授粉采用人工授粉和化学激素处理。开花当天上午8：00 - 10：00 人工给雌花授以雄花花粉，或用毛笔蘸取赤霉素 20~30 毫克／升混合液涂抹柱头，最好在药剂中掺入多菌灵等杀菌剂，防止病菌侵染。使用激素时要注意溶液浓度，晴天温度高，溶液浓度要稍微低一些，阴天溶液浓度要稍微高一些。

六、病虫害防治

病虫害防治以"预防为主，综合防治"的方针，将农业防治、物理防治和化学防治相结合，尽量降低或避免由病虫害的发生而影响西葫芦的产量和品质。塑料大棚西葫芦早春栽培过程中容易引发苗期疫病、猝倒病，结果期绵腐病、灰霉病、白粉病；害虫主要有蚜虫、白粉虱和斑潜蝇。

（一）农业防治

与非葫芦科作物实行轮作倒茬；选用抗病品种，苗期隔绝病虫传播和侵入；清洁田园，清除病残体；合理密植，保证通风透光；控制并降低湿度。

（二）物理防治

温汤浸种可有效杀死种子携带的虫卵和病菌；在塑料大棚四周、顶部或通风口处布置防虫网能够有效隔离害虫入侵；利用害虫的趋黄性张挂黄板来诱杀害虫，有条件的可悬挂杀虫灯。防治白粉病可用 27% 高脂膜乳剂 80~100 倍液，在发病初期喷洒叶片上，使之形成一层薄膜，防止病菌侵入的同时，还可造成缺氧条件，使白粉病菌死亡，每隔 5~6 天喷 1 次，连喷 3~4 次。

（三）　化学防治

预防疫病、猝倒病，出苗后喷施 75% 百菌清可湿性粉剂 600 倍液或 50% 扑海因可湿性粉剂 1500 倍液，每隔 7 天喷 1 次；绵腐病的防治一般用 72.2% 普力克水剂 400 倍液或 25% 甲霜灵可湿性粉剂 800 倍液，重点喷洒到植株下部果实和地面，每隔 7~10 天喷 1 次，连喷 2~3 次。灰霉病发病初期可用 10% 速可灵烟剂熏蒸 每次每亩用药 200~250 克，或用 45% 百菌清烟剂每次每亩 250 克，熏 3~4 小时。或于傍晚用 10% 杀霉灵粉尘剂喷施，连喷 2~3 次。棚内发生病害后，药剂防治的同时要注意降低棚内湿度。白粉病喷药应着重叶背面，可用 50% 甲基托布津可湿性粉剂 1000 倍液或 10% 速可灵烟剂熏蒸，每亩用药 250 克。防治白粉虱用 25% 扑虱灵可湿性粉剂 1500 倍液，蚜虫可用杀瓜蚜 1 号烟剂熏蒸一夜。喷洒 1.8% 阿巴丁乳油 3000~4000 倍液或 48% 乐斯本乳油 800~1000 倍液防治斑潜蝇。注意用化学药剂防治时药剂交替使用效果较好。

七、采收

日光温室春茬西葫芦一般根瓜 250 克左右时要及时收获,以后的瓜达到 300~500 克即可采收。根据市场行情和植株长势适当提前或延迟采收,尽量避免坠秧以致影响后续果实生长。

八、小结

经过多年生产实践与示范,筛选出一套适宜塑料大棚春茬西葫芦综合栽培技术措施。可使每亩西葫芦产量达 10 000 千克左右,平均每亩产值 18 000 元左右,该综合栽培技术取得了良好的经济效益和社会效益。

第六节　塑料大棚秋季西葫芦栽培关键技术

一、选用良种

秋季地膜西葫芦栽培应选择植株矮小,节间短,分枝性弱,出瓜早,瓜码密集,膨瓜快,产量高,耐热抗病性强,瓜条整齐顺直,风味佳,品质优,适合当地消费习惯的早熟品种,如玉女、玉冠等。

二、种子处理

为防止西葫芦病毒病,消灭种子携带的病毒,可用 10% 磷酸三钠溶液浸种 20~30 分钟,而后用清水冲洗干净,直接播种或浸种催芽后播种。

三、适期播种

合理安排茬口:选择前茬没有种过瓜类蔬菜的地块安排生产,一般于 7 月底至 8 月上旬播种,9 月上中旬开始采收,10 月下旬拉秧。如果播种过早,前期温度高,病毒病发生严重,影响产量和品质;播种过晚,采收上市晚,而且西葫芦生长期短,总产量低,经济效益降低。

施足基肥：整地筑畦覆盖地膜西葫芦根系较发达，耐肥水，前茬作物收获后及时清洁田园，每亩施腐熟的鸡粪 2~3 立方米或牛粪 3~4 立方米，普遍撒施后将土壤深耕 25~30 厘米，耙细搂平，再按 1.8~2 米的距离开沟，沟宽 40 厘米、沟深 25 厘米，每亩沟施氮磷钾复混肥 50 千克、硫酸锌 1 千克，混合均匀后覆土封沟起垄，垄面宽 0.8 米，垄面中央高 15 厘米，两侧稍低，整平垄面后铺设 100 厘米宽的地膜。

四、直播栽培

露地秋地膜西葫芦播种时正值高温季节，如采取育苗的栽培方式，定植时伤根易感染病毒病，因此生产中一般采用直播的栽培方式。由于秋播西葫芦植株生长势较旺盛，种植密度应适当稀些，按大行距 1.2~1.4 米、小行距 60 厘米、株距 50~60 厘米在膜上打孔挖穴，将种子平放于穴内，每穴 1~2 粒种子，然后覆盖湿润细土 1.5~2 厘米厚。为防止出苗不齐导致缺苗断垄，影响产量，在垄间闲置地块播部分种子作预备苗。

五、田间管理

（一）查苗补苗定苗

出苗后破心时应及时查苗补苗，若出现缺苗断垄的现象，用预备苗及时补栽，保证全苗。当幼苗长到 2~3 片真叶后定苗，按留壮去弱的原则，每穴留苗 1 株。

（二）肥水管理

播种后垄沟浇大水漫灌，以利种子发芽出苗。出苗后到结瓜前以控水促根、发秧、防止徒长为主，出苗后到根瓜采收前一般不浇水追肥。8－9 月雨水多，注意雨后及时排除田间积水，如干旱应及时浇小水，以促进根系发育，增强抗病能力。根瓜采收后，开始浇水追肥，结合浇水每亩施氮磷钾复混肥 25~30 千克，以后每隔 7 天浇 1 次水。采收 2~3 次瓜后进入结瓜盛期，进行第 2 次追肥，用量同第 1 次。以后每 4~5 天浇 1 次水，不再追肥，但结瓜盛期每 7~10 天喷 1 次叶面肥，以补充养分，增加产量。

（三）保花保果

由于秋季地膜栽培西葫芦选择的品种雌花出现早，雌花多而雄花少，即使有传粉昆虫也难以授粉，而且生育前期高温多雨，受精不良或不能受精，极易落花落果。因此，应采取 2,4-D 保花保果，提高商品价值。方法是在上午 8：00 – 9：00，用 25~30 毫克 / 千克的 2,4-D 涂抹在花柱基部和花瓣基部之间或喷洒柱头。使用 2,4-D 需注意温度高时使用的浓度要低些，低温时浓度配比应稍大些；西葫芦的瓜秧长势旺，用药浓度度应大，长势弱时，浓度要小些。

（四）植株调整

西葫芦以主蔓结瓜为主，应及时摘除侧枝、卷须。西葫芦叶片大，叶柄长，易相互遮光，应将病叶、黄叶、残叶和老叶及早摘除，可促进通风透光和防治病害的传染。如果中后期雄花过多也应摘除。对于一些由于养分供应不足而生长缓慢的幼瓜应及时摘除，以减少养分损失，也可避免病害的传播。

六、病虫害防治

秋季地膜西葫芦栽培主要的病害有病毒病、白粉病、菌核病等，主要虫害有蚜虫。病毒病可在苗期喷施 83 增抗剂 100 倍液，以提高幼苗的抗病能力；发病前，可用 100~200 倍的豆浆或牛奶喷于植株上，可减弱病毒的侵染能力，钝化病毒；发病初期，可用 20% 病毒 A 可湿性粉剂 500 倍液，或用 5% 菌毒清水剂 200~500 倍液加硫酸锌 300 倍液，或用高锰酸钾 1000 倍液等防治。白粉病可喷施 70% 甲基托布津可湿性粉剂 1000 倍液，或用 4% 农抗 120 水剂 600~800 倍液防治。菌核病可用 40% 菌核净 1000 倍液喷雾防治。蚜虫可用 20% 速灭杀丁乳油 2000~3000 倍液或 50% 抗蚜威可湿性粉剂 2000 倍液防治。

七、及时采收

西葫芦以嫩瓜食用为主，一般雌花受粉闭合后 8~10 天即可采摘。采摘时期应根据瓜秧长势和瓜的位置而定。瓜秧生长健壮，第一个瓜可适当晚采收，以免造成徒长；瓜秧长势弱的，第一个瓜要早采收，达到 250 克左右即可采收，防止坠秧。以后的瓜适当晚采收，一般长到 400~500 克时采收。西葫芦瓜把粗短，要用利刀或剪刀收瓜，采收最好在早晨进行，这样瓜内含水量大，瓜色鲜艳，瓜也重，便于销售。

第七节　珍珠西葫芦秋季延后高效栽培技术

秋季栽培西葫芦，由于生育前期天气炎热，植株生长不良，且蚜虫等为害严重，西葫芦易发病毒病，导致产量不高。选用极早熟西葫芦品种美国珍珠，采取阳棚育苗，露地及时定植于大田，生育后期加盖小拱棚及草苫等技术措施，进行珍珠西葫芦秋季延后栽培试种试验，于 9 月上旬即开始供应市场，一直延续采摘销售至深冬，亩采收商品瓜 7000 千克以上。

一、品种特征特性

珍珠西葫芦是从美国引进的极早熟一代西葫芦杂交种，播种后 36 天即可采收，植株生长健壮，矮生，直立，开放。果实圆球形，果皮深绿光亮，花后 5~7 天单瓜重可达 300 克。进入采收期后，每亩月累计采收商品瓜 3000 千克以上。

二、育苗

选地势较高、排灌方便的地块挖畦建床，苗床宽 1.5 米，深 10~15 厘米，用以放育苗钵。育苗营养土用 5 份疏松园土、5 份腐熟有机肥过筛掺匀组成。每立方米营养土中再加入腐熟的鸡粪干 20~30 千克，三元素复合肥 4 千克，50% 多菌灵可湿性粉剂 0.5 千克，或用五氯硝基苯粉剂 0.5 千克，2.5% 敌百虫粉 0.5 千克。

充分掺匀后装入 10 厘米 × 10 厘米的育苗钵中，稍压实，整齐码放在畦床内，浇足水备播。

三、适期播种

播种适期为 7 月中下旬。播前晒种 2~3 天，然后放入 55~60℃的温水中，水量为种子量的 2~3 倍，不断朝一个方向搅动，使温度迅速降到 30~35℃后浸泡 3~4 小时，种子捞出后再用 500 倍的多菌灵或瑞毒霉溶液浸泡约 20 分钟，之后再用清水冲洗干净。待畦床内水渗后直接点播于育苗钵中，每钵 1~2 粒，盖土 0.5~1 厘米，覆盖地膜保湿。然后插上拱杆覆盖遮阳网进入苗期管理。

四、苗期管理

出苗后及时去掉地膜。育苗前期温度高，白天不掀遮阳网，防止蚜虫或白粉虱等为害并传播病毒病，夜间揭开透风。后期温度降低后可以逐渐减少盖网时间。为防治病毒病，在第 1 片真叶展开时可连喷两次 83 增抗剂。如果温度过高，可往遮阳网上喷水。保障苗床内水分的充足供应，浇水在早晨或下午天凉时较好，并且最好浇清凉的井水。在 2 叶 1 心时用 40% 乙烯利 160~200 微升 / 升，在叶面上均匀喷布，可降低雌花节位，增加雌花数。育苗过程中有时会发生蚜虫、白粉虱等为害，发现后要及时喷药防治，畦床中出现杂草要及时拔掉，定植前 7 天要全部去掉遮阳网，锻炼幼苗，定植前两天喷洒 1% 高锰酸钾溶液或 1% 肥皂水，以预防定植时秧苗感染病毒病。

定植：当西葫芦苗 3 片真叶展开，苗龄 20~25 天，即可移栽定植。定植前清除田间前茬残株杂草，每亩撒施腐熟有机肥 3000~4000 千克，深翻细耙，整平后按 2 米宽做成 20~30 厘米高的栽培畦，畦间距 50 厘米。按株行距 50 厘米 × 60 厘米交错定植，每栽培畦定植 3 行，浇足定植水。栽培畦两头应挖深 50 厘米的排水沟。

五、田间管理

（一）中耕除草

定植缓苗后，应及时结合除草进行中耕，为促进根部发育，要往根部培土，一般中耕 2~3 次，培土时有意识地使其形成垄沟，以便生长中后期浇水及防涝排水。

肥水管理：珍珠西葫芦生长迅速，需肥水较多，在幼苗期处于高温多雨季节，应以中耕除草管理为主。如遇暴雨要及时排除畦内积水，天气干旱时，要适时浇水。当根瓜（第一个瓜）坐住后，应结合浇水每亩追施尿素 15 千克，或腐熟的粪稀 500 千克。秋季延后栽培追肥要掌握少施、勤施的原则，追肥后应及时浇水；采收期间需肥水猛促，以利提高前期产量和植株抗病性。

（二）温度控制

当外界最低温度降至 15℃时，应及时覆盖小拱棚，此时塑料薄膜四周可支起通风。当外界最低温度降至 12℃以下时，夜间应采取闭风管理。当棚内最低温度 8℃时，拱棚上夜间加盖草苫保温。当棚内出现初霜冻时，一次性采收装入聚乙烯袋保鲜贮藏。

（三）人工辅助授粉

当生育后期覆盖小拱棚后，昆虫活动已较少，可于每天上午 9:00 前后进行人工授粉，方法是选摘当日开放的雄花并去掉花瓣，把花粉轻涂到雌花柱头上。天气寒冷时，可用 30~40 毫克 / 千克浓度的防落素处理雌花，方法是将整个柱头和子房均匀涂抹，涂抹过的花可撕掉一个花瓣作为标记，勿重复处理。

（四）植株调整

珍珠西葫芦不需吊蔓，但应及时打去老叶和多余的枝杈，以减少遮光，有利于通风和集中养分于果实膨大上。

六、防治病虫害

秋季延后栽培珍珠西葫芦，其病害主要有病毒病、白粉病和灰霉病，虫害主要是瓜蚜为害。防治西葫芦病毒病，在发病初期可用 20% 病毒 A、15% 植病灵、抗毒剂 1 号等喷雾防治；用鲜豆浆对水 100 倍液叶面喷雾，也可取得良好的钝化效果。防治西葫

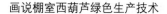

芦白粉病，在发病初期，可用 75% 科达可湿性粉剂 600~800 倍液，20% 三唑铜乳油 2000 倍液喷雾防治，连喷 2~3 次可控制病害。对西葫芦灰霉病进行药剂防治，可选用 40% 施佳乐悬浮剂 800~1000 倍液在发病初期及时喷药防治，连喷 2~3 次，可控制病害。防治瓜蚜可用 2% 灭扫利乳油 1000~1200 倍液喷雾防治，两种药剂交替使用，一般 2~3 次即可控制。

七、采收

珍珠西葫芦以食用嫩瓜为栽培目的，秋季延后栽培在雌花开花授粉后 5~7 天即可采收 300 克左右的嫩瓜供应市场。采收晚了不仅降低商品瓜的质量，还影响植株上部坐果。

第八节 拱棚西葫芦早春多层覆盖高产高效栽培技术

一、大棚结构及多层覆盖

棚型骨架材料为水泥柱和竹竿。大棚跨度多数为 7~8 米，少数为 10~12 米，长度因地块而异，多在 30~100 米 不等。边柱和棚间柱均采用厚 5~8 厘米、宽 12~15 厘米 的水泥柱。边柱间隔 1.5 米 一根，距地面高度 1.7~1.8 米，棚内中间立柱高 2.8~3.0 米。边柱与中间柱之间用竹竿连接形成拱型。拱棚建好后覆盖厚度为 0.06~0.07 毫米的薄膜（顶膜）；在棚内距离棚顶膜下方 30 厘米处覆盖第二层厚度为 0.002~0.004 毫米 的薄膜（二膜）；在二层薄膜下方 30 厘米处覆盖第三层膜（三膜）。

二、播种育苗

（一）品种选择

选用生长旺盛、低温弱光环境条件下连续坐瓜能力强、瓜条顺直、斑点细腻、瓜色翠绿、光泽度好、抗病、优质的高产品种，如京葫 36、冬绿、春绿、绿冠等品种。

（三）保花保果

早春大拱棚多层覆盖栽培定植后 35 天左右进入结瓜期，为保障有效坐瓜需进行激素处理。激素处理的具体方法是：①叶面喷施坐瓜剂：在西葫芦第一雌花开放前，喷施有山东潍坊市圣邦生态肥业有限公司生产的西葫芦专用坐瓜剂"保坐"。每袋 15 毫升对水 15 千克，喷雾器选用小眼喷片，在距植株 50 厘米以上喷洒叶面，不要喷洒生长点，以免造成药害。生长前期气温偏低，10 天左右喷施一次；生长中后期随气温逐渐升高，7 天左右喷施一次。②涂抹坐瓜剂：用毛笔蘸取 20~30 毫克 / 千克 的 2，4-D 溶液或 30~40 毫克 / 千克 防落素溶液均匀涂抹幼瓜两侧。在蘸花药中可加入 40% 双胍三辛烷基苯磺酸盐（百可得）可湿性粉剂 1000 倍液和 0.003% 丙酰芸苔素（爱增美）水剂 2000 倍液，以减少灰霉病和畸形果的发生，蘸花时不能重复，叶不能把调节剂溅到茎叶上。③疏花疏瓜：3 月下旬进入初瓜期，此时光照温 度条件适宜，每株可连续坐瓜 4~5 个，依据植株长势强弱适当疏瓜，单株留瓜不宜超过 3 个。

（四）植株调整

当植株长至 5~8 片叶时，用多效唑或烯唑醇类植物生长调节剂对植株长势进行调控，防治徒长。喷施由增致农化（中国）有限公司生产的西葫芦专用"控旺膨瓜宝"，每袋 25 克 对水 15 千克，叶面喷洒可喷施 800 株左右，7~10 天 喷一次。整个生育期植株调控原则是：结瓜前控旺药用量不要过轻，结瓜后控旺药用量不要过重，结合通风降低夜温，做到整个结瓜期叶柄粗短、茎秆粗壮、不徒长。具体控旺用药次数依品种、植株长势、土壤水分、土壤肥力、棚内温湿度等因素灵活掌握。

五、病虫害防治

西葫芦病害主要有白粉病、灰霉病、细菌性茎基腐病，虫害有蚜虫、美洲斑潜蝇、棕榈蓟马等。

（一）病害防治

白粉病可用 25% 乙嘧酚悬浮剂 500~600 倍液或 10% 白卡乳油 500~600 倍液、62.25% 睛菌唑·代森锰锌可湿性粉剂 600 倍液喷雾防治。灰霉病可用 50% 福异菌（灭霉灵）可湿性粉剂 300 倍液，50% 异菌脲（扑海因）可湿性粉剂 1000 倍液防治。烟雾法可用 45% 灰霉灵烟剂，每亩一次 150 克，熏 3~4 小时，隔 7~10 天喷 1 次，连熏 3~4 次。由细菌引起的茎腐病可用过氧乙酸 + 72% 农用链霉素 200 倍液涂抹发病部位及周围，定植后用 72% 农用链霉素或新植霉素 1500 倍液灌根。

（二）虫害防治

蚜虫可用 20% 吡虫啉可湿性粉剂 1500 倍液或 50% 抗蚜威可湿性粉剂 2500 倍液喷雾防治。美洲斑潜蝇用 20% 斑潜净 1000 倍液或 10% 灭蝇胺悬浮剂 800 倍液喷雾防治。棕榈蓟马可用 25% 吡·辛乳油 1500 倍液或 10% 氯氰菊酯乳油 2000 倍液喷雾防治。朱砂叶螨可用 15% 哒螨灵 3000 倍液或 1.8% 阿维菌素 3000 倍液喷雾防治。

六、采收

西葫芦以嫩瓜为产品，当幼瓜长至 400 克左右时即可采收，聊城早春大拱棚多层覆盖栽培大多于 5 月中下旬拉秧，单株采瓜 6~7 个，每亩产量 5000 千克，高产 7000 千克左右。

第九节　温室西葫芦早春茬栽培技术

一、选用良种

早春茬西葫芦应选择株型小、节间粗短、瓜码密、早熟丰产、抗病毒病和耐高温的品种。

二、育苗

（一）确定适宜的播种时间

早春茬西葫芦一般苗龄 30 天左右，定植后约 30 天 开始采收，从播种到采收历时 60 天左右。早春茬西葫芦一般要求在 4 月前后开始采收，以便到"五一"节前后进入产量的高峰期。由此推算，正常的播种期应该在 1 月中下旬。

（二）育苗要点

对早春茬西葫芦进行护根育苗。出土前昼夜保持温度为 25~30℃，出土后保持白天温度为 20~23℃，夜间温度为 10~15℃，不能低于6℃。

三、定植

（一）整地施肥

定植前整地做垄。西葫芦根系发达，喜欢肥沃土壤，冬前深翻，早春施肥整地，每亩施优质农家肥 5000 千克、过磷酸钙 40~50 千克、尿素 30~40 千克。采用地膜撒施和开沟集中施用相结合的方法进行。沟施应结合该茬的种植形式进行，撒施以后应深翻 40 厘米，打碎土块，使土壤和粪肥充分混匀，整平地面。按照 80 厘米的大行距和 55~60 厘米的小行距开约 10 厘米深的定植沟。在开沟后施肥、浇水，然后再起垄。垄高大约为 25 厘米，沟底宽约 30 厘米，在 80 厘米的大行间起一条可供人行走的垄。把两个相距 55~60 厘米的垄间用地膜覆盖，地膜分别搭在两垄外侧的 10 厘米处。

（二）定植时期与定植密度

早春茬温室西葫芦的定植时期应根据不同纬度地区温室中的温度条件、光照条件、该地区的市场销售情况，以及天气变化规律来决定。在华北地区，定植一般应在 2 – 3 月进行。西葫芦的栽培密度应根据品种的株型以及栽培方式来决定，小型品种每亩为 1 800 株，大型品种为 1600 株。近年来，多采用吊蔓栽培的方式，小型品种如早青一号，一般每亩栽苗 2000 株。温室栽培，早春茬栽培西葫芦的行距已经固定，大、小行距分别为 80 厘米、55~60 厘米，所以栽培密度主要由株距的变化来决定。一般情况下，定植垄上按 45 厘米的株距开穴定植。定植时尽量采用前边密、后边稀的定植方法，大苗定植在前、小苗定植在后，前边株距可为 40 厘米，后边株距可适当加大为 50 厘米，平均株距为 45 厘米。

（三）定植方法

定植前天，把育苗床浇透水，定植时边割坨边栽苗。定植苗要选择植株大小一致、生长势旺、无病虫害的苗，按规定的株行距，在垄上破膜开穴，把苗坨植入穴中并使苗稍露出地面，分株浇稳苗水，待水渗下后覆土而使苗坨面与破膜持平，可用土将膜的开口封压住。由于早春茬定植时，地温和气温都比较低，所以定植应该选择晴天的上午进行。定植全部结束后，若地温比较高，可以小水浇缓苗水，切不可顺沟浇大水，否则地温降低，植株缓苗慢，缓苗期长。等缓苗以后再顺沟浇 1 次透水，把垄湿透。

四、定植后的管理

（一）环境调控

西葫芦是既喜强光又耐弱光的作物，以 11~12 小时的强光最适宜，尤其幼苗期光照应充足，可使第 1 个雌花提早开放，并能增加雌花的数量。进入盛果期更要求强光。晴天多、光照强，能使西葫芦收获期提前并提高产量。短日照也可促进雌花的发生，花芽的分化及雌花的生长与温度有关。温度与日照相比，温度是主要因素。日照在 8~10 小时的情况下，昼夜温度在 15~20℃，第 1 雌花出现的节位和节成性是：温度愈低，日照时数愈短，雌花出现越早，节成性越高，否则相反。在白天温度 20~25℃、夜间温度 10~15℃、日照长达 8 小时的条件下，不但雌花多，而且子房和雌花都比较肥大。对未受精的花朵来说，日照短于 7 小时，反而比长于 11 小时的坐果少，超过 18 小时的长日照则不会坐果。受精花朵的坐果则不受日照长短的影响。

（二）肥水管理

整地时每亩施有机肥 4 立方米、过磷酸钙 80 千克、磷酸二铵 30 千克、硫酸钾 30 千克。定植时浇足水，缓苗期间一般不浇水。定植后到根瓜坐住前正是促根控秧时期，一般不浇水；当第一个瓜坐住并开始膨大时，开始浇水，每亩随水施尿素 20 千克，浇水量为垄高的 1/3，因这时外界气温很低，室内放风量小，浇水不宜过勤。浇水后及时密封垄头边的薄膜，以降低室内的湿度。一般每 15 天浇 1 次水。进入结果盛期，外界温度已升高，放风量逐步加大，植株和瓜条的生长变快，所以浇水次数变勤，一般每 7 天浇 1 次，浇水量为垄高的 2/3，每隔浇 1 次水施 1 次肥，每次的施用量为尿素 20~30 千克 / 亩。此外，还可进行根外追肥，可喷质量分数为 0.1% 的尿素液，也可喷质量分数为 0.2% 的磷酸二氢钾溶液。正常生长的植株其节间长度不应超过 3 厘米，否则被认为肥水过大，应予控制。

（三）吊蔓定植

吊蔓定植后 10~15 天，长到 7~10 片叶时，将塑料编织绳等绳状物栓在茎蔓基部，上端栓在专为吊蔓扯拉的铁丝或温室的棚架上。生长中不断地将吊绳与茎蔓缠绕起来，也可以用绳状物将吊绳与茎蔓分段绑在一起。随着植株的生长，一般在瓜下部留功能叶 6~7 片，失去功能的老化叶片用刀割掉，留 2~3 厘米叶柄。茎基部发生的侧枝应及时摘掉。

（四）防止落花落果

西葫芦为异花同株作物，雄花的花粉粒到达雌花柱头上，靠昆虫传粉。花粉的活力时间较短，在花开前一天已具备受精能力。雄蕊花粉在早晨 5：00 左右散出，随后花粉粒萌发力逐渐减退。因此，采用人工受粉的方法是温室栽培西葫芦的关键技术措施，人工授粉应在开花当天上午 6：00 － 7：00 进行，8：00 后受精明显下降，会导致落花落果。授粉的方法是，摘下雄花，去掉花瓣，把雄花放在雌花柱头上轻轻地一抹，使花粉粒粘着在柱头上。一朵雄花花粉可授粉三四朵雌花。用药剂处理，防止落花落果的效果较好。冬季用药剂 2,4-D 35~40 毫克 / 千克，春秋用 20~30 毫克 / 千克可防落花落果。为了防止重复处理，将配好的溶液中加入红颜色，用毛笔蘸溶液涂抹在刚开花的雌花花柄上；或用防落素 30~40 毫克 / 千克蘸花。处理的时间均为上午 8:00~9:00。实践证明，既采用人工授粉，又用激素处理，防止落花落果的效果最好。

五、 容易出现的问题及防止方法

西葫芦前期雄花很少，温室西葫芦栽培前期一般没有昆虫传粉，需要及时进行人工受粉或激素处理，否则西葫芦难坐住瓜、难膨大，出现前端尖顶化瓜的现象。对于坐果性非常好的早熟西葫芦品种，春季栽培时需要进行疏花疏果。因早春温度偏低，营养生长相对较弱，如留瓜多，就可能坠秧，导致植株不能充分发育，使所有瓜都不能长大；如果在秋季种植，则不需要疏花疏果。西葫芦在棚内生长前期容易出现细菌性病害，宜用农用链霉素与代森锰锌混合液进行防治；中后期应注意防治白粉病。白粉病对硫特别敏感，可选用质量分数为 40% 的多硫胶悬剂 800 倍液，或用质量分数为 40% 的硫酸胶悬剂 500 倍液，或用质量分数为 25% 的三唑酮可湿性粉剂 2000 倍液，或用质量分数为 20% 的三唑酮乳油 1500 倍液，每 7~10 天喷 1 次，连喷二三次。

第十节　香蕉西葫芦冬茬高产栽培技术

一、茬口安排

香蕉西葫芦的适应性很强，可以采取适用露地栽培，也可以保护地栽培，寿光作为全国最大的蔬菜保护地栽培种植的地区，有着最大的种植面积和最高的栽培技术，为了提高土地利用指数，增加收益，当地一般采用日光温室种植。日光温室香蕉西葫芦冬茬一般在 10 月上旬育苗，11 月中下旬定植。

二、育苗

香蕉西葫芦最适合育苗的温度为 25~30℃，首先要将需要使用的培养基质和穴盘准备好，将穴盘覆满基质，不用按压只用手抹平就行了，穴盘装好基质后，可以使用另一个穴盘在装满基质的穴盘上进行按压，也可以使用手指轻按，形成 0.5 厘米深的坑，最后，将种子放到里面，覆盖上一层 1 厘米厚的基质即可，种子种植完成后用水浇透保证种子的萌发时所需的水分，香蕉西葫芦种子萌发的温度为 28~30℃，可以在穴盘的上边覆盖一层地膜，这样一般 4~5 天就可以出苗。出苗后将地膜揭掉，白天温度控制在 20~25℃，夜间 15℃左右，并且保持通风降温和土壤湿润，第二片真叶长出以后温度不宜太高，白天保持在 22℃左右，夜间 10~12℃，温度降低是为了防止幼苗徒长。为了提高幼苗的适应性，需要在定植前一周左右适当降低温度，白天保持在 18~20℃，夜间在 8~10℃，长出 1~2 片真叶时就可以进行定植了。

三、定植和移栽

定植前需要对棚内土地进行整地，每亩施 1500 千克腐熟鸡粪、过磷酸钙 50 千克，豆粕 100 千克作基肥，移栽的时候尽量保持肥料充足，避免初期肥力不足导致幼苗长势弱。之后深翻使土肥均匀，然后开沟起垄，沟深 30 厘米，沿着沟的一侧起高 15 厘米的垄，形成一个 1.5 米宽的畦，并且在畦上覆盖一层地膜，畦作好后就可以开始移栽了。

挑选健壮植株进行移栽，将苗坨从穴盘上取出来后放到畦上，按一亩地栽种 1800 株进行株距的调整，按我们做好的畦，株距保持在 40 厘米左右就可以，在地上挖一坑将苗坨放进去后覆土栽直，种苗时不宜过深，浅栽有利于发根缓苗。同时为了栽种后减短缓苗期，定植完成后浇足透水。

四、田间管理

（一）苗期管理

从定植到初花需要 25~30 天，这个时期是西葫芦的苗期阶段，定植后 3~5 天内密闭温室暂时不要通风，白天温度保持在 25~30 ℃，夜间 18~20 ℃，这个时期的管理直接影响植株健康情况，要保证足够的水分供应，但是还不能浇水太多，这样对香蕉西葫芦也不利，刚开始的时候，果实没有挂上的时候就不能乱浇水，容易造成生殖生长跟营养生长失调，营养就会过多流向茎叶组织，不利于果实充分生长。

（二）花期管理

香蕉西葫芦雌雄同株，它的花生长在每个叶子的叶腋处，雄花花冠有点像铃铛的形状，是黄色或者是橙黄色的，雄花花粉力大而重，而且具有黏性，风不能吹走，只能靠昆虫授粉或者人工授粉，雌花花型和雄花的相似，雄花和雌花很好分辨，而且香蕉西葫芦雌花生长的要比雄花多，这也是它可以丰产丰收的条件。当地农民一般采用人工授粉的方法，摘一朵雄花，将花瓣去掉，剩下里面的花蕊，这样可以更方便的进行人工授粉，在雌花上进行涂抹，一朵雄花可以给 3~4 个雌花进行授粉，这个时期的湿度不适合过高，湿度过高会影响香蕉西葫芦授粉。

（三）果期管理

初花后 3~5 天进入结瓜初期，这时瓜秧生长速度加快，应通过管理控秧促瓜，室内气温不能超过 30℃，结瓜初期一般保持在 25℃，15℃时要盖帘子，等 60% 以上坐住了果，就开始大水浇一次，再往后就是不断地根据土壤墒情进行处理，如果是沙土地，就可以时间间隔期短一点，7~10 天浇一次，如果是黏土地，有可能到 20~30 天浇一次。进入盛果期白天气温 28℃时及时放风保持 25℃左右，夜间气温保持在 10~12 ℃，这个时期的重要的工作就是进行疏果，将畸形果和没有受精的果及时摘除。到了盛果期，香蕉西葫芦的需水量增加，就需要及时灌溉，用来保证香蕉西葫芦对于水分的需求，坐好的瓜生长 15 天左右就可以采摘了。

五、病虫害防治

（一）花叶病

花叶病主要是病毒感染引起的，各个生长时期均可能发病，症状主要表现为：叶片呈黄绿相间的花叶或者斑驳，后期叶片就会枯黄，病株结瓜小或者不结瓜，结的果为瓜面呈凹凸不平的畸形瓜。为了避免产生畸形瓜，首先是选用抗病品种来培育壮苗，同时浸种时用 50~60℃的温水浸种 15 分钟，适期早播，同时在田间铺银灰色薄膜避蚜，防治蚜虫线虫，做好田间清洁，严重的病株及时清理。发病初期用 20% 盐酸吗啉胍 - 乙酸铜可湿性粉剂 500 倍液进行喷施，隔 10 天左右一次，连续防治 2~3 次。

（二）霜霉病

霜霉病发病时，叶片开始退绿变黄，最后枯死，可选择 58% 代森锰锌可湿性粉剂 500 倍液或 30% 甲霜灵 500 倍液。

（三）虫害

香蕉西葫芦最主要的虫害是蚜虫、红蜘蛛和菜青虫，要以"预防为主，及早防治"为原则，发现虫害可用 40% 乐果乳油 1000~2000 倍液喷雾防治。

六、适时采收

香蕉西葫芦主要食用幼嫩果实，果实如果长的太大的话，果实内种子会生长很大，影响食用价值和商品价值。因此，采收时机非常关键。一般开花后 7~10 天，果实生长到 0.5 千克左右即可采摘。靠近根部的根瓜可以适当早收，避免影响后面叶位坐的瓜的生长。由于香蕉西葫芦表皮比较幼嫩，采摘时轻放，不要蹭破表皮影响其商品价值，最好套上泡沫网袋，便于运输。

第六章　西葫芦主要病虫害的识别与防治

第一节　西葫芦病害及其防治

一、白粉病

白粉病发生后，寄主受害部位生长受抑制，逐渐退绿变黄，出现枯斑至最后全叶枯干，如许多叶片同时受害，也可以使植株早枯。病害后期，由菌丝和分生孢子构成的白粉状霉层中，常出现许多散生的黑色粒状的闭囊壳，并以此越冬，次春以子囊孢子进行初侵染。但有些白粉菌并不经常进行有性繁殖，而以分生孢子在温暖地区或保护地越冬。植物生长季节，分生孢子可重复产生，通过气流传播，进行再侵染。较高的湿度有利于分生孢子的萌发和侵染，但白粉菌是较耐干旱的真菌，在相对湿度很低的条件下，分生孢子也能萌发。空气潮湿、气温较高或干湿交替、光照不足的气候条件以及氮肥过多和作物过密等情况，均有利于白粉病的流行。

（一）症状

以叶片受害最重，其次是叶柄和茎，一般不危害果实。发病初期，叶片正面或背面产生白色近圆形的小粉斑，逐渐扩大成边缘不明显的大片白粉区，布满叶面，好像撒了层白粉。抹去白粉，可见叶面褪绿，枯黄变脆。发病严重时，叶面布满白粉，变成灰

图 6-1　白粉病

白色，直至整个叶片枯死。白粉病侵染叶柄和嫩茎后，症状与叶片上的相似，唯病斑较小，粉状物也少（图6-1）。

（二）发病条件

分生孢子借气流或雨水传播落在寄主叶片上，分生孢子先端产生芽管和吸器从叶片表皮侵入，菌丝体附生在叶表面，从萌发到侵入需24小时，每天可长出3~5根菌丝，5天后在侵染处形成白色菌丝丛状病斑，经7天成熟，形成分生孢子飞散传播，进行再侵染。产生分生孢子适温15~30℃，相对湿度80%以上。分生孢子发芽和侵入适宜相对湿度90%~95%，无水或低湿情况下也可侵入当相对湿度低至25%时仍可发病，但该菌遇水或湿度饱和，易吸水破裂而死亡。高温高湿又无结露时发病严重。高湿但无结露（相对湿度不饱和），温度20℃左右是白粉病发生的重要条件。因此，秋末冬初大棚内温湿度最容易引起蔬菜染病。

（三）防治方法

（1）选用抗病品种。不同品种对白粉病抗性存在差异，要在生产实践中因地制宜地选择使用抗病和耐病品种。如越夏品种：万盛碧秀2号，万盛娇子，夏冠等。

（2）栽培防治。施足底肥，适时追肥，注意磷钾肥的配合使用，并追施叶面肥，促进植株发育，防止植株早衰，以提高植株抗病能力；及时中耕除草，摘除枯黄病叶和底叶，带出田外或温室大棚外集中深埋处理；适当控制浇水，露地西葫芦应及时中耕，搞好雨后排水，减少田间相对湿度。温室大棚要尽可能增加光照、加强通风。

（3）生物防治。白粉病发病初期，喷洒2%农抗120水剂200倍液或2%农抗BO-10水剂200倍液，4~5天喷一次，连喷2~3次。

（4）物理防治。发病初期开始喷洒27%高脂膜乳剂80~100倍液，5~6天喷1次，连喷3~4次，可在叶面形成保护膜，防止病原菌侵入。

（5）化学药剂防治。发病初期，可选用40%福星乳油8 000~10 000倍液、15%三唑酮（粉锈宁）可湿性粉剂2 000倍液、75%百菌清可湿性粉剂600倍液、40% – 硫悬浮剂500~600倍液、50%硫磺悬浮剂250~300倍液、30% DT悬浮剂400~500倍液、50%多菌灵可湿性粉剂500~800倍液、50%甲基托布津可湿性粉剂800~1000倍液喷雾防治。以上药剂最好交替使用，7~10天喷一次（三唑酮喷雾应间隔15天再喷第二次），连喷2~3次。

二、西葫芦病毒病

（一）症状（图6-2）

图6-2　病毒病

（1）黄化皱缩型。幼苗、成株均可发病，植株上部叶片先表现沿叶脉失绿，并出现黄绿色斑点，以后整叶黄化，皱缩下卷，植株节间缩短，矮化。病株大部分不能结瓜，或瓜小且畸形。

（2）花叶型。幼苗4~5片真叶时即可发病，新叶出现褪绿斑点，以后表现为花叶，有深绿色凸起疱斑，严重时顶叶变为鸡爪状。茎节缩短，植株矮化，不结瓜或果实畸形。

（二）　发病规律

西葫芦花叶病毒西葫芦花叶病毒均可在宿根性杂草、菠菜、芹菜等寄主上越冬，通过汁液摩擦和蚜虫传毒侵染。此外，西葫芦花叶病毒还可通过带毒的种子传播。烟草环斑病毒以汁液或经线虫传播，一般高温干旱、日照强或缺水、缺肥、管理粗放的田块发病重。

（三）防治方法

（1）品种选择。西葫芦不同品种间对病毒病的耐病力有一定的差异，花叶西葫芦、银青西葫芦、早青一代、阿太一代等品种较耐病毒病。

（2）种子消毒。为消灭种子携带病毒，可用 10%磷酸三钠溶液浸种 20~30 分钟，或用 1%高锰酸钾溶液浸种 30 分钟，用清水冲洗干净后再催芽播种。

（3）培育壮苗、严把定植关。育苗须加强温度，温度管理，严防幼苗疯长，培育壮苗，提高幼苗的抗逆性，移栽时，凡感染病毒的苗子一律淘汰，以免定植成为病毒病的传染源，秋季栽培时为避免定植时伤根传染病毒病，可进行直播。

（4）杀虫。通过杀虫的方法，切断传播途径是防治病毒病的关键步骤。蚜虫是传染病毒病的重要媒介，病毒病的发生及其严重程度与蚜虫的发生量有密切关系，及早防治蚜虫病毒的关键措施之一。可挂银灰膜驱避蚜虫，还可用 2.5%的溴氰菊酯或连灭杀丁乳油 2000~3000 倍液，50%抗蚜威可湿性粉剂 800~1000 倍液，10%氯氰菊酯乳油 2500 倍液交替喷雾防治，连喷 3~4 次，间隔 7~10 天，有条件的地方还可用防虫网进行栽培。

（5）实行轮作。西葫芦应实行 3~5 年轮作，以减少土壤中病毒的积累。

（6）减少接触传毒。病毒病可通过植物伤口传毒，因此在栽培上应当加大行距，实行吊秧栽培，尽可能减少农事操作造成的伤口。农事操作应遵循先健株后病株的原则。对早熟西葫芦不需打杈，避免造成伤口传毒。

（7）加强肥水管理，避免早衰　西葫芦秧苗早衰极易感染病毒病，在栽培中必须加强肥水管理，避免缺水脱肥。在高温季节可适当多浇水，降低地温，有条件的地方可采取遮阴降温防止秧苗早衰，抗病能力减弱。喷施叶面肥、冲施养根和高氮性肥料促进生长，可提高作物的抵抗力，减少病毒病的发生。

（8）药剂防治。苗期喷施 83 增抗剂 100 倍液，提高幼苗的抗病能力。发病初期可喷施 20%病毒 A 可湿性粉剂 500 倍液、或用抗毒剂 1 号 300 倍液，或用 1 000 倍高锰酸钾溶液，每 7~10 天一次，连喷 3~4 次，以上药液可交替使用。

图 6-3 褐腐病

三、西葫芦褐腐病

（一）症状

主要危害花及果实，俗称"花腐病""烂蛋"。发病初期花和幼果呈水浸状湿腐、病花变褐色腐败，病菌从花蒂部侵入幼瓜，向瓜上扩展，致病瓜外部逐渐变褐，表面生白色绒毛状物，后可见褐色、黑色大头针状毛。少数情况下，成熟果实也可局部变褐，软化腐烂。茎和叶柄感病时呈水浸状褐色软腐。该病危害西葫芦、瓠瓜称为褐腐病；危害黄瓜称为花腐病；危害西葫芦称为果腐病（图 6-3）。

（二）发病条件

病菌主要以菌丝体随病残体或产生接合孢子留在土壤中越冬，翌春侵染西葫芦的花和幼果，发病后病部长出大量孢子，借风雨或昆虫传播，该菌腐生性强，只能从伤口侵入生活力衰弱的花和果实。棚室保护地栽植西葫芦，遇有低温、高湿条件，或浇水后放风不及时或放风量不够及日照不足，连续阴雨，该病易发生和流行。露地栽培的西葫芦流行与否主要取决于结瓜期植株茂密程度，雨日的多少和雨量大小，阴雨连绵、田间积水等情况。生产上栽植过密，株间郁闭发病重。

（三）防治方法

（1）选种浸种。选用抗病、包衣的种子，如未包衣，要用拌种剂或浸种剂灭菌。浸种时，用 55℃温水浸 15 分钟，加强通风散湿。大棚栽培的可在夏季休闲期，棚内灌水，地面盖上地膜，盖几日，利用高温灭菌。

（2）合理密植。及时清除病蔓、病叶、病株，并带出田外烧毁，病穴施药或生石灰。并注意与非瓜类作物进行两年以上的轮作。

（3）灌水防湿实施高畦地膜栽培，合理灌水，灌水后及时放风。防止大水漫灌导致保护地湿度过大。

（4）摘病花果。幼瓜坐果后及时摘除残花，见病果摘除后深埋处理。西葫芦花、茎和叶柄感病时，及时摘除残花，在发病部位用 50 倍的可杀得糊进行涂抹，效果很好。

（5）药剂防治。播种后用药土做覆盖土，移栽前喷施一次除虫灭菌剂，这是防治病虫的重要措施；用 70% 代森锰锌可湿性粉剂 500 倍液、50% 扑海因 1000 倍液或 77% 可杀得可湿性粉剂 400 倍液进行喷雾防治，保护地可用 45% 百菌清烟剂每亩用 200~250 克熏杀。

四、西葫芦黑星病

（一）症状（图 6-4）

危害叶、茎及果实。叶片染病：初时在叶片上产生水浸状污点，后变褐色易穿孔。

茎秆染病：产生椭圆形凹陷黑斑，中部易破裂；果实染病：多疮痂状，凹陷开裂或烂成孔洞。

图 6-4 黑星病

（二）发病规律（中温高湿病害）

病菌以菌丝体随病残体在土中或附着在架材等越冬，病菌的分生孢子借风雨传播，由气孔侵入。病菌发育最适温度 20~22℃，相对湿度 90% 以上才能产生分生孢子，而分生饱子萌发必须有水膜（滴）存在，病菌喜弱光。

（三）防治措施

黑星病的防治重点是及时发现，一旦发现中心病株要及时拔除，及时喷药。

（1）选用抗病品种。

（2）选留无病种子，做到从无病棚、无病株上留种，采用冰冻滤纸法检验种子是否带菌。

（3）温汤或药剂浸种。55~60℃恒温浸种 15 分钟，或用 50%多菌灵可湿性粉剂 500 倍液浸种 20 分钟后冲净再催芽，或用 0.3%的 50%多菌灵可湿性粉剂拌种，均可取得良好的杀菌效果。

（4）覆盖地膜，采用滴灌等节水技术，轮作倒茬，重病棚（田）应与非瓜类作物进行轮作。

（5）熏蒸消毒。温室、塑料棚定植前 10 天，每 55 立方米空间用硫磺粉 0.13 千克，锯末 0.25 千克混合后分放数处，点燃后密闭大棚，熏一夜。

（6）加强栽培管理。尤其定植后至结瓜期控制浇水十分重要。保护地栽培，尽可能采用生态防治，尤其要注意温湿度管理，采用放风排湿，控制灌水等措施降低棚内湿度，减少叶面结露，抑制病菌萌发和侵入，白天控温 28~30℃，夜间 15℃，相对湿度低于 90%。中温低湿棚平均温度 21~25℃，或控制大棚湿度高于 90%不超过 8 小时，可减轻发病。

（7）用粉尘法或烟雾法于发病初期开始用喷粉器喷撒 10%多百粉尘剂，或 5%防黑星粉尘剂每亩次 1 千克，或施用 45%百菌清烟剂每亩次 200 克，连续防治 3~4 次。

（8）棚室或露地发病初期喷洒 40%福星乳油 8000 倍液或 50%多菌灵可湿性粉剂 800 倍液加 70%代森锰锌可湿性粉剂 800 倍液，或用 2%武夷菌素 (BO-10) 水剂 150 倍液加 50%多菌灵可湿性粉剂 600 倍液，2%武夷菌素 (BO-10) 水剂 150 倍液、80%多菌灵可湿性粉剂 600 倍液，或用 75%百菌清可湿性粉剂 600 倍液、50%苯菌灵可湿性粉剂 1500 倍液、80%敌菌丹可湿性粉剂 500 倍液，每亩喷药液 60~65 升，隔 7~10 天 1 次，连续防治 3~4 次。

（9）加强检疫，严防此病传播蔓延。

五、西葫芦灰霉病

（一）症状

灰霉病主要危害西葫芦的花和瓜，有时也会危害西葫芦的叶片和茎蔓，灰霉病的病菌一般都是先从开败的雌花上侵入侵染初期花瓣呈水渍状，有时会在病变处长出浅灰绿色霉层，受害的花朵渐渐变软腐烂，随着病情的发展，病变部位有病花向幼瓜发展，导致幼瓜受侵染部位褪绿，很快幼瓜脐部周围就会成水渍状湿腐，萎缩并产生灰色霉层，霉层中存在着大量的分生孢子梗和分生孢子，病花、病瓜接触茎叶后还会引起茎叶发病，叶片上的病斑初为水渍状，后变为浅灰褐色，病斑的边缘较明显，中间有不明显的轮纹，染病的茎脉开始腐烂并容易被折断，上面介绍的是西葫芦灰霉病的发病症状，在生产中，西葫芦灰霉病的症状与褐腐病比较相似，很容易混淆。由于他们的病原菌不同，因此防治方法和使用的杀菌剂也不同，生产上必须注意区别以免耽误防治时机。西葫芦灰霉病和褐腐病的最大区别就是灰霉病的病部长有灰褐色霉状物，而褐腐病的病部是黑色细毛。

（二）发病规律

西葫芦灰霉病的病菌能借助气流、水溅及农事操作传播蔓延，如整枝、浇水、蘸花，甚至管理人员在行间穿行都可以造成人为携带病菌，使发病的果、叶、花产生的分生孢子落到健壮植株上引起重复侵染发病（图6-5）。

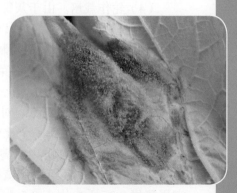

图6-5　灰霉病

病原菌以菌丝、分生孢子及菌核附着于病残体上或遗留在土壤中越冬，靠风雨及农事操作传播，黄瓜结瓜期是病菌侵染和发病的高峰期。高湿（相对湿度94%以上）、较低温度（18~23℃）、光照不足、植株长势弱时容易发病，气温超过30℃，相对湿度不足90%时，停止蔓延。因此，此病多在冬季低温寡照的温室内发生。

（三）防治方法

（1）消除菌源。瓜条坐住后摘除幼瓜顶部的残余花瓣，发现病花、病瓜、病叶要立即摘除并深埋。收获后彻底清除病残组织，带出棚室外深埋或烧掉。

（2）加强管理。进行高畦覆膜栽培，铺地膜可以降低田间湿度，减少叶片表面结露和叶缘吐水时间，可以减少病菌的侵染机会。避免大水漫灌，阴天不浇水，防止空气湿度过高。清除棚室薄膜表面尘土，增强光照，及时放风。

（3）高温闷棚。灰霉病在气温高于 25℃后发病明显减轻，高于 30℃不发病。因此建造保温性能良好的高标准温室，白天提高温度可以有效地抑制灰霉病的发生和蔓延。此外，叶面喷施 0.3%的磷酸二氢钾可以诱导植株的抗病能力。当发现棚内有个别西葫芦染病时，应采取高温闷棚措施，选择晴天来集中灌水，中午关闭棚室，使棚内温度上升到 31~33℃，保持 2 小时，然后逐渐放风降温恢复常态。这种方法可以杀灭棚内的大部分病菌。

（4）轮作栽培。由于灰霉病的病菌会潜伏到土壤中，成为下一茬西葫芦的初期染原。所以采用轮作的栽培方式可以使土壤中病菌失去寄主从而有效的控制灰霉病的发生。西葫芦可以与甘蓝、菜花、韭菜等非瓜果类蔬菜轮作，轮作后，西葫芦灰霉病的发病率一般可减轻 5%~8%。

（5）栽培前棚室消毒。对于在棚室中栽培的西葫芦，在栽培前进行环境消毒也是一个比较不错的方法，可以提前在定植前提早 20 天扣棚，在畦中浇满水密闭棚室利用高温闷棚杀菌，除了高温闷棚外，还可以用硫磺熏棚，方法是每 100 平方米棚室用硫磺 0.25 千克锯末 0.5 千克，混合后分放在 2~3 处点燃，密闭棚室熏蒸一夜，栽培的环境消毒后，棚室带菌的可能性就大大降低了。

（6）定植苗消毒。为了预防把新的病菌带入棚中，在定植前还要用 50% 腐霉利可湿性粉剂 1500 倍液或 50% 多菌灵可湿性粉剂 500 倍液喷西葫芦幼苗，尽量做到无病苗进棚。

（7）喷花时用药。西葫芦灰霉病的病菌主要经过花期进入，所以应重点保护好花瓣和柱头，在喷花时可以在 2,4-D 稀释液中加入 0.1% 的 50% 腐霉利可湿性粉剂溶液或 50% 异菌脲可湿性粉剂溶液或 50% 多菌灵可湿性粉剂溶液。

（8）化学防治。在西葫芦灰霉病发病率高达10％以上时，就应该采取喷药的方法防治，可以选用50％异菌脲可湿性粉剂或50％乙烯菌核利可湿性粉剂对水稀释成1000倍液喷雾，每隔7~10天喷药1次，视病情连续防治2~3次，喷药要在晴天进行，而且喷药时要开启风口以加速药液蒸发干燥。保护地栽培是也可用45％百菌清烟雾剂，或用10％速克灵烟雾剂熏烟防治，每亩250~350克，分放5~6处，傍晚暗火点燃，闭棚过夜，次日早晨通风，隔6~7天再熏1次。

六、西葫芦蔓枯病

（一）症状

主要危害茎蔓、叶片等（图6-6）。茎蔓染病初呈水浸状，病部变褐，病情扩展时组织坏死或流胶，在病部出现许多黑色小粒点；叶片上病斑近圆形，发病初期症状像炭疽病，但蔓枯的病斑主要发生在叶缘，有的自叶缘向内呈"V"字形，淡褐色至黄褐色，后期病斑易破碎，病斑轮纹不明显，上生许多黑色小点，叶片上病斑直径一般10~35毫米。

图6-6 蔓枯病

（二）发病规律

病菌喜温暖和高湿条件，最高35℃，最低5℃，适温20~24℃相对湿度85％以上，土壤湿度大时易发病。茎基部发病与土壤水分有关，土壤湿度大或田间积水，易发病。保护地通风不良、种植过密、连作、植株脱肥、长势弱、光照不足、空气湿度高或浇水过多、氮肥过量或肥料不足，均能加重病情。

（三）防治方法

（1）种子消毒。可用55℃温汤或福尔马林浸种。

（2）轮作栽培。可与非瓜类蔬菜实行3年以上轮作，减轻病害。

（3）加强管理。深翻土壤，增施磷钾肥料，覆盖地膜。发病初期及时去除病叶、病瓜，拔除发病的植株，并带出田间深埋。注意适时通风，降低湿度。

（4）化学防治。发病初期可用45%百菌清烟剂熏蒸2~3次。喷药防治时，发病初期可用25%嘧菌酯悬浮剂1500倍液，或用70%代森锰锌可湿性粉剂500~600倍液，或用50%多菌灵可湿性粉剂1000倍液，或用75%甲基托布津可湿性粉剂600~800倍液，每隔7天喷一次，连喷2~3次。喷药要仔细，尤其是茎基部。涂抹防治75%百菌清50倍液或70%甲基托布津50倍液进行涂抹，效果均在95%以上。

七、西葫芦霜霉病

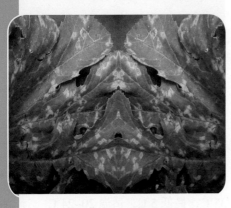

图 6-7　霜霉病

（一）症状

主要危害叶片，在苗期至成株期均可发生，以成株期危害严重。发病初期在叶背面形成水渍状小点，逐渐扩展成多角形水渍状斑，以后长出黑紫色霉层；叶片正面病斑初期退绿，逐渐变成灰褐色至黄褐色坏死斑(图6-7)。

（二）发病规律

病菌为活体专性寄生真菌，种子不带菌，病菌主要靠气流传播，从叶片气孔侵入。霜霉病的发生与植株周围的温湿度环境关系非常密切，发生起始温度为16℃左右，而流行适温为20~24℃，且要求相对湿度在85%以上。该病的蔓延速度很快，有人将其称为"跑马干"，一旦有了中心病株，只需3~4次的扩大再侵染，即可酿成大灾，因此防治此病的关键是尽早发现中心病株或病区。

（三）防治方法

（1）生态防治。改革耕作方法，改善生态环境，实行地膜覆盖，减少土壤水分蒸发，降低空气湿度，并提高地温。进行膜下暗灌，在晴天上午浇水，严禁阴雨天浇水，防止湿度过大，叶片结露。浇水后及时排除湿气，防止夜间叶面结露。加强温度管理，上午将棚室温度控制在28~32℃，最高35℃，空气相对湿度60%~70%，每天不要过早地放风。

（2）科学施肥。施足基肥，生长期不要过多地追施氮肥，以提高植株的抗病性。植株发病常与其体内"碳氮比"失调有关，碳元素含量相对较低时易发病。根据这一原理，通过叶面喷肥，提高碳元素比例，可提高黄瓜的抗病力。经验表明，从定植后开始，按尿素∶葡萄糖（或白糖）∶水 = 0.5~1∶1∶100 的比例配制成溶液，每5~7天喷1次，连喷4次，防效可达90%左右。

（3）药剂防治。霜霉病发展极快，药剂防治必须及时。一旦发现中心病株或病区后，应及时摘掉病叶，迅速在其周围进行化学保护。霜霉病主要靠气流传播，且只从气孔入侵，幼叶在气孔发育完全之前是不感病的。喷药须细致，叶面、叶背都要喷到，特别是较大的叶面更要多喷。发病时可用72.2%普力克（霜霉威）水剂800倍液或25%甲霜灵·锰锌（瑞毒霉·锰锌）600倍液或者64%杀毒矾（恶霜·锰锌，含恶霜灵8%、代森锰锌56%，为保护性内吸杀菌剂）可湿性粉剂500倍液；或者用72%霜脲·锰锌可湿性粉剂750倍液；银法力（62.5克/升氟吡菌胺；625克/升霜霉威盐酸盐）600倍或者科佳（100克/升氰霜唑）1 000倍或80%烯酰吗啉可湿性粉剂1500倍液进行喷施。

熏烟也是目前防治霜霉病的有效方法，保护地内西葫芦上架后，植株比较高大，喷药较费工，特别是遇阴雨天，霜霉病已经发生，喷雾防治会提高保护地内的空气湿度，防效较差，此时最适宜熏烟。每亩10%百菌清烟剂600克。

注：一般霜霉病会和细菌性角斑病混发，喷药时要同时防治。

八、西葫芦炭疽病

（一）症状

叶片、茎蔓、叶柄和果实均受侵染。幼苗染病，真叶或子叶上形成近圆形黄褐至红褐色坏死斑，边缘有晕圈，幼茎基部常出现水浸状坏死斑，成株期染病，叶片病斑呈近圆形至不规则形，黄褐色，边缘水浸状，有时亦有晕圈，后期病斑易破裂。茎和叶柄染病，病斑椭圆至长圆形，稍凹陷，浅黄褐色，果实染病，病部凹陷，后期产生粉红色黏稠物（图6-8）。

图6-8　炭疽病

（二）发病规律

分生孢子萌发适温22~27℃，病菌生长适温24℃，8℃以下，30℃以上停止生长。发病最适温为24℃，潜育期3天。低温、高湿适合本病的发生，温度高于30℃，相对湿度低于60%，病势发展缓慢。气温在22~24℃，相对湿度95%以上，叶面有露珠时易发病。

（三）防治措施

1. 农业防治

（1）加强田间管理，增施磷钾肥，强健植株，提高西葫芦抗病能力，减轻病害。

（2）实行轮作，与非茄科作物轮作3年。

（3）避免大水漫灌，挖沟排水，排除积水。

2. 药剂防治

50%咪鲜胺锰盐可湿性粉剂1500倍液；

50%福美双可湿性粉剂750倍液；

10%多抗霉素可湿性粉剂750倍液；

10% 苯醚甲环唑（世典）1500 倍；

70% 代森联干悬浮剂（品润）750 倍；

60% 吡唑醚菌酯·代森联水分散粒剂（百泰）750 倍液；

25% 溴菌腈可湿性粉剂（休菌清、炭特灵、细菌必克）750 倍液。

九、西葫芦细菌性软腐病

（一）症状

图 6-9　细菌性软腐病

主要危害西葫芦的根茎部及果实。根茎部受害，髓组织溃烂。湿度大时，溃烂处流出灰褐色粘稠状物，轻碰病株即倒折。果实受害，幼瓜染病，病部先呈褐色水浸状，后迅速软化腐烂如泥。该病扩展速度很快，有些病瓜从发病到整果腐烂仅几天时间，有些幼瓜今天发病，24 小时后即见烂掉，病瓜散出臭味是识别该病的重要特征（图 6-9）。

（二）发病规律

病菌随病残体在土壤中越冬。翌年，借雨水、灌溉水及昆虫传播，由伤口侵入。常年连作，前茬病重、土壤存菌多；通风透气性差，大水漫灌、虫害均易发病。种子带菌等病菌侵入后分泌果胶酶溶解中胶层，导致细胞分崩离析，致细胞内水分外溢，引起腐烂。阴雨天或露水未落干时整枝打杈多发病重。

（三）防治措施

1. 农业防治

（1）选择高抗品种。选用无病、包衣的种子，如未包衣则种子须用拌种剂或浸种剂灭菌。

（2）保持田间整洁。播种或移栽前或收获后，清除田间及四周杂草，集中烧毁或沤肥；深翻地灭茬、晒土，促使病残体分解，减少病源和虫源。土壤病菌多或地下害虫严重的田块，在播种前撒施或沟施灭菌杀虫的药土。

（3）加强田间管理。做好通风换气、肥水管理调节好温度湿度的关系。高温干旱时应科学灌水，以提高田间湿度，减轻蚜虫、灰飞虱危害与传毒。严禁连续灌水和大水漫灌。浇水时防止水滴溅起，是防止该病的重要措施。

2. 化学防治

发病初期用72%农用链霉素3000倍液，或新植霉素进行喷雾防治，也可涂抹防治，把3%中生菌素可湿性粉剂1份与50%琥胶肥酸铜可湿性粉剂1份配成100~500倍粥状药液，将其涂抹于发病部位进行防治，或用过氧乙酸+72%农用链霉素200倍液涂抹发病部位及周围防治。

十、西葫芦疫病

（一）症状（图6-10）

危害叶、茎及果实。

叶片染病：叶片上产生水渍状大斑，干燥时呈青白色至浅褐色薄纸状，易破裂，病情扩展迅速。

茎部染病：茎基部或嫩茎节部产生暗绿色水渍状斑，后变软缢缩。

果实染病：初生暗绿色水渍状斑，后缢缩凹陷，湿度大时长出灰

图6-10　西葫芦疫病

白色霉状物，病部易腐烂。

（二）发病规律（高温高湿病害）

（1）病菌随病残体在土壤中及种子上越冬，土壤中的病菌是主要初侵染源。次年借雨水、灌溉水或农事活动传到茎基部及近地面果实上发病。

（2）病菌发育适温20~30℃，适宜空气相对湿度在90%

以上，属高温高湿病害。

（三）药剂防治

1. 农业措施

可与非瓜类蔬菜进行 5 年以上轮作。高畦栽培，注意通风排湿。植株生长前期和发病初期要控制灌水，中午高温时不要浇水。发现中心病株及时拔除并带出。

2. 药剂防治

可用以下药剂进行喷施防治。

72.2% 普力克（霜霉威）水剂 800 倍液；

25% 甲霜灵·锰锌（瑞毒霉·锰锌）600 倍液；

64% 杀毒矾（恶霜·锰锌，含恶霜灵 8%、代森锰锌 56%，为保护性内吸杀菌剂）可湿性粉剂 500 倍液；

72% 霜脲·锰锌　可湿性粉剂 750 倍液；

银法力（62.5 克／升氟吡菌胺；625 克／升霜霉威盐酸盐）600 倍；

科佳（100 克／升氰霜唑）1000 倍；

80% 烯酰吗啉可湿性粉剂　1500 倍。

十一、西葫芦银叶病

（一）症状

主要危害植株叶片，被害叶片正面沿叶脉变为银色或亮白色，在阳光照射下闪闪发光，似银镜，故名银叶病。受害植株叶片叶绿素含量降低，光合作用受到严重影响，植株生长势弱，株型偏矮，叶片下垂，生长点叶片皱缩，生长处于半停滞状态，茎部上端节间短缩。叶背常见有白粉虱成虫或若虫，幼苗 3~4 叶为敏感期。幼瓜、瓜码及花器柄部、花萼变白、半成品瓜、采收瓜或畸形，或白化，或乳白色，或白绿相间，丧失商品价值（图6-11）。

图 6-11　银叶病

（二）传播规律

主要有 B 型烟粉虱危害引起，它是一种寄主作物多、繁殖率高、爆发性强、危害性大的检疫型害虫。西葫芦上 B 型烟粉虱的若虫、成虫刺吸植株汁液，其唾液分泌物对植株有毒害作用，且具内吸传导性，即有虫叶不一定有症状表现，而在以后的新叶上表现出银叶。在秋播露地或秋冬茬保护地前期，烟粉虱较多的情况下，较易发生银叶病。

（三）防治措施

1. 农业防治

（1）提高作物抵抗力。喷施叶面肥、冲施养根和高氮性肥料促进生长，可提高作物的抵抗力，减少病毒病的发生。

（2）培养无虫苗。有虫苗不进棚，定植无虫健苗，定植前温室闷棚熏杀，清洁田园。

2. 物理防治

（1）田间设置橙黄色硬纸板诱杀烟粉虱成虫。

（2）于大棚放风口安装防虫网，阻隔烟粉虱飞入棚内。

3. 生物防治

在防治害虫时，尽量优先选用植物源农药、生物农药，不伤天敌的低毒低残化学农药，以保护瓢虫等天敌，有条件的也可在棚内人工释放丽蚜小蜂，控制烟粉虱的危害。

4. 药剂防治

（1）一旦发现棚内有烟粉虱，夜间用烟熏剂熏杀，常用药剂有敌敌畏烟剂、螨虱净烟剂、蚜虱净烟剂等，在傍晚点燃，闷棚一夜，次白放风。

（2）交替喷洒 25% 扑虱灵 1000 倍液，或用 10% 吡虫啉 2000 倍液，或 20% 灭扫利 2000 倍液或者 2.5% 联苯菊酯 1000~1500 倍液等，间隔 10 天左右喷 1 次，连续防治 2~3 次。

注意：要应用多种综合防治措施防治害虫，若虫第一次发生高峰至银叶病反应症状表现初期喷药。在早晨、傍晚，成虫多潜伏在叶片背面，迁飞能力差，可用昆虫啉类、菊酯类等交替使用，发生严重的地区要统一购药、统一时间、统一方法，集中用药，集中防治。

十二、西葫芦细菌性叶枯病

（一）症状

病斑初期为水渍状退绿小点，近圆形，逐渐扩大呈浅黄色坏死斑，凹陷。后期多个病斑相互连接成大的坏死枯斑，最后整片叶枯黄死亡（图6-12）。

图6-12　细菌性叶枯病

（二）发病规律

病菌在种子或随病株残体在土壤中越冬。翌年春由雨水或灌溉水溅到茎、叶上发病。菌脓通过雨水、昆虫、农事操作等途径传播。塑料棚低温高湿利于发病。

（三）防治措施

1. 农业防治

（1）育无病种苗，用新的无病土苗床育苗；保护地适时放风，降低棚、室湿度，发病后控制灌水，促进根系发育增强抗病能力；露地实施高垄覆膜栽培，平整土地，完善排灌设施，收获结束后清除病株残体，翻晒土壤等。

（2）种子处理。用72%农用硫酸链霉素可溶性粉剂3000~4000倍液浸种2小时，冲洗干净后催芽播种。或用55℃温水浸种15分钟后，再转入室温水里泡4小时，还可在70℃恒温干热灭菌72小时后再催芽播种。

2. 药剂防治

发病初期，可采用下列杀菌剂进行防治：72%农用硫酸链霉素可溶性粉剂2000~4000倍液；88%水合霉素可溶性粉剂

1500~2000 倍液；3% 中生菌素可湿性粉剂 800~1000 倍液；20% 噻唑锌悬浮剂 300~500 倍液 +12% 松酯酸铜乳油 600~800 倍液；20% 噻菌铜悬浮剂 600~1000 倍液；45% 代森铵水剂 400~600 倍液；20% 叶枯唑可湿性粉剂 750 倍液；33.5% 喹啉酮 500~750 倍液；可杀得叁仟（46.1% 氢氧化铜）1500 倍液；50% 氯溴异氰尿酸可溶性粉剂 1500~2000 倍液；52.8% 氢氧化铜干悬浮剂 (可杀得、冠菌清、丰护安、瑞扑 2000)2000 倍液；对水喷雾，视病情间隔 5~7 天喷 1 次。

图 6-13 枯萎病

十三、西葫芦枯萎病

（一）症状

多在结瓜初期开始发生，仅为害根部。植株萎蔫，至最后萎蔫死亡。发病植株根系呈黄褐色水渍状坏死，随病害发展维管束由下向上变褐，以后根系腐朽，最后仅剩丝状维管束组织（图 6-13）。

（二）发病规律

病菌在土壤和未腐熟的有机肥中越冬，从根部伤口或根毛顶端的细胞间隙侵入，进入维管束，在导管内发育，由下向上发展，堵塞导管并产生毒素，使植株萎蔫。病菌在土壤中可存活 5 年以上。土壤积水阴湿，空气相对湿度超过 90% 时容易发病。土壤黏重、低洼、积水、地下害虫严重的地块有利于发病。

（三）防治方法

（1）床土消毒。按每平方米苗床用 50% 多菌灵可湿性粉剂 5 克，将药剂搀入营养土。定植前要对栽培田进行土壤消毒，每亩用 50% 多菌灵 2 千克，撒在棚中翻地。

（2）嫁接育苗。利用黑籽南瓜对尖镰孢菌黄瓜专化型免疫的特点，以黑籽南瓜为砧木，以黄瓜品种为接穗，进行嫁接育苗，可有效地防治枯萎病，这是生产上防治枯萎病的最有效方法。

（3）加强管理。采用地膜覆盖栽培方式，所用农家肥要充分腐熟。拔除病株于田外烧毁，病株穴内撒多菌灵等药剂消毒。夏季 5 - 6 月，拉秧后深耕、灌水，地面铺旧塑料布并压实，使土表温度达 60~70℃，5~10 厘米土温达 40~50℃，保持 10~15 天，有良好杀菌效果。浇水时做到小水勤浇，严禁大水漫灌。

（4）药剂防治。枯萎病发病初期时，可用以下药剂进行灌根，每隔 5~7 天灌一次，连灌 2~3 次，视病情严重程度而定。

10% 混合氨基酸铜络合物水剂（双效灵）灌根 200 倍液；

50% 多菌灵可湿性粉剂 500 倍液；

70% 甲基硫菌灵可湿性粉剂（甲基托布津）500 倍液，在发病初期灌根，每株灌药液 0.25 千克；

55% 敌克松可湿性粉剂 600 倍液；

95% 恶霉灵 3000 倍；

龙灯统佳 500 倍。

十四、西葫芦菌核病

（一）症状

主要侵害果实及茎蔓，苗期至成株期均可被侵染，初现水渍状斑，扩大后呈湿腐状图（图 6-14）。

果实染病：残花部先呈水浸状腐烂，后长出白色菌丝，菌丝上散生鼠粪状黑色菌核。

茎蔓染病：初呈水浸状，病部变褐，后长出白色菌丝和黑色菌核，病部以上枯死。

（二）发病规律

病菌对水分要求较高，相对湿度高于 85%，温度在 15~20℃

图 6-14　菌核病

利于菌核萌发和菌丝生长、侵入及子囊盘产生，菌丝生长及菌核形成最适温度 20℃，最高 35℃，50℃经 5 分钟致死。因此，低温、高湿或多雨的早春或晚秋有利于该病发生和流行。连年种植葫芦科、茄科及十字花科蔬菜的田块，排水不良的低洼地，或偏施氮肥，或霜害、冻害条件下发病重。

（三）防治方法

（1）种子和土壤消毒。定植前用 40％五氯硝基苯配成药土耙入土中，每亩用药 1 千克对细土 20 千克，拌匀撒入定植穴。种子用 55℃温水浸种 10 分钟，即可杀死菌核。

（2）生态防治。棚室栽培时，上午以闭棚升温为主，温度不超过 30℃不要放风，温度较高还有利于提高西葫芦产量，下午及时放风排湿，相对湿度要低于 65％，发病后可适当提高夜温以减少结露，可减轻病情。防止浇水过量，土壤湿度大时适当延长浇水间隔期。

（3）采用烟雾或喷雾法防治，用 10％速克灵烟剂，或用 45％百菌清烟剂，每亩 250 克，熏一夜。

（4）药剂防治。发病初期可用以下试剂喷药防治，每隔 7 天喷 1 次，连喷 2~3 次，并且注意杀菌剂应交替使用，喷药要仔细，尤其是茎基部及附近地表。

40％菌核净可湿性粉剂 1500 倍液；

50％腐霉利・多菌灵（菜菌克）可湿性粉剂 1000 倍；

50％腐霉利可湿性粉剂 750~1500 倍液；

50％扑海因可湿性粉剂（异菌脲）1000 倍液；

40％嘧霉胺悬浮剂（施佳乐）1000 倍液。

第二节　西葫芦虫害及防治措施

一、蚜虫

又称腻虫、蜜虫；属同翅目，蚜科，多态昆虫，成虫体长 1.5~2.7

毫米，分为有翅蚜和无翅蚜两种类型。体色因种类不同和季节有所变化。无翅蚜在夏季多为黄绿色，春秋季为深绿色或蓝黑色（图6-15）。

（一）为害特点

图6-15　蚜虫

为害瓜类蔬菜的蚜虫主要是瓜蚜。成虫和若虫在瓜叶背面和嫩梢、嫩茎上吸食汁液。嫩叶及生长点被害后，叶片卷缩，生长停滞，甚至全株萎蔫死亡；老叶受害时不卷缩，但提前干枯。

（二）生活习性

华北地区每年发生10多代，于4月底产生有翅蚜迁飞到露地蔬菜上繁殖为害，直至秋末冬初又产生有翅蚜迁入保护地。北京地区以6－7月虫口密度最大，为害严重，7月中旬以后因高温高湿和降雨冲刷，不利于蚜虫生长发育，为害减轻。

蚜虫的繁殖力很强，1年能繁殖10~30个世代，世代重叠现象突出。当5天的平均气温稳定上升到12℃以上时，便开始繁殖。在气温较低的早春和晚秋，完成1个世代需10天，在夏季温暖条件下，只需4~5天。它以卵在花椒树、石榴树等枝条上越冬，也可保护地内以成虫越冬。气温为16~22℃时最适宜蚜虫繁育，干旱或植株密度过大有利于蚜虫为害。

（三）防治方法

由于蚜虫的繁殖速度较快，所以要应用农业、物理、化学、生物方法进行综合防治。

1. 农业防治

（1）合理调整植株，有效去除老叶、黄叶、及时去除病叶、病株。

（2）育苗期通过防虫网等措施，避免蚜虫危害，一旦发现，及早喷药防治。

（3）黄板诱蚜。有翅成蚜对黄色、橙黄色有较强的趋性，利用这一特性，可诱杀蚜虫。把此板插入田间，或悬挂在蔬菜行间，高于蔬菜 0.5 米左右。

2. 生物防治

药剂熏蒸：棚室内初发现蚜虫时，每亩可用 10% 杀瓜蚜烟剂 300~350 克，分放 4~5 处，暗火点燃后密闭棚室 3 小时，进行熏蒸。熏蒸时注意外界天气条件，最好由天气状况来决定熏蒸时间，以免对植株造成药害。

3. 化学防治

70% 吡虫啉 7500 倍喷雾；

2.5% 溴氰菊酯乳油 2000~ 3000 倍喷雾；

2.5% 功夫 750 倍喷雾；

50% 抗蚜威可湿性粉剂 2000~3000 倍液；

10% 烯啶虫胺 750 倍喷雾；

7.5% 吡虫啉 +2.5% 吡丙醚 750 倍喷雾；

60% 吡蚜酮 3000 倍喷雾；

22.4% 螺虫乙酯 1500 倍喷雾；

喷雾防治时，酌情防治 2~3 次，用药时，要交替用药，不要长期选用同一种或同一类杀虫剂。在用药的过程中要确保杀虫剂的安全间隔期。

二、朱砂叶螨

（一）为害特点

主要为害瓜类、茄果类、葱蒜类等多种蔬菜，以若螨和成螨在叶背吸取汁液，受害叶片出现灰白色或淡黄色小点，严重时，整个叶片呈灰白色或淡黄色，干枯脱落。

（二）形态特征

雌螨体长 417~559 微米，宽 256~330 微米，椭圆形，锈红色或深红色。背部有针状刚毛 13 对。后半体表皮纹构成菱形。卵圆形,直径约129微米。橙黄色(图6-16)。

(三)生活习性

在北方1年发生12~15代,长江流域15~18代。以雌成螨群集在土缝、树皮和田边杂草根部越冬,翌年4-5月迁入菜田为害,集中在叶背面吐丝结网,

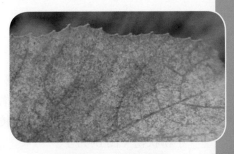

图6-16　朱砂叶螨

栖于网内刺吸植物汁液,并在其内产卵。雌成螨能孤雌生殖,每头雌螨产卵百余粒,卵孵化率高达95%以上。成、若螨靠爬行或吐丝下垂近距离扩散,借风和农事操作远距离传播。气温29~31℃,相对湿度在35%~55%最有利于叶螨的发生与繁殖。

(四)防治方法

在防治中,应采取农业防治、生物防治与化学防治相结合的综合防治策略。由于该螨具有相当高的抗药性,因此应掌握在发生初期进行防治,一旦严重发生则较难控制。

(1)农业防治在早春、秋末清洁田园。在4月中、下旬后,待杂草上的二斑叶螨种群主要为卵和幼螨时,及时清除杂草,消灭其上的虫体,可减少迁移到树体上的螨数量,推迟年中猖獗发生期和高峰期出现的时间,并缩短猖獗发生期持续的时间。

(2)化学防治。

① 尼螨诺10.5阿维·哒螨灵乳油750~1500倍液;

② 1.8%阿维菌素乳油750倍液;

③ 20%三唑锡悬浮剂2000倍(按说明使用);

④ 黑金占(40丙溴磷乳油)750倍喷雾+破卵(20%四螨嗪悬浮剂)750倍喷雾;

⑤ 爱卡螨(43%联苯肼酯)3000倍;

⑥ 莱福禄(110克/升乙螨唑)1500倍。

三、白粉虱

（一）为害特点

主要危害烟草、番茄、番薯、木薯、棉花、十字花科、葫芦科、豆科、茄科、锦葵科等。成、若虫刺吸植物汁液，受害叶褪绿萎蔫或枯死。形态特征 成虫体长 1 毫米，白色，翅透明具白色细小粉状物（图 6-17）。

图 6-17 白粉虱

（二）生活习性

成虫产卵期 2~18 天。每雌产卵 120 粒左右。卵多产在植株中部嫩叶上。成虫喜欢无风温暖天气，有趋黄性，气温低于 12 ℃停止发育，14.5 ℃开始产卵，气温 21~33 ℃，随气温升高，产卵量增加，高于 40 ℃成虫死亡。相对湿度低于 60% 成虫停止产卵或死去。暴风雨能抑制其大发生，非灌溉区或浇水次数少的作物受害重。

（三）防治方法

（1）黄板诱杀。根据粉虱的趋黄性，在棚中悬挂黄板，每亩 15 片左右诱杀白粉虱。

（2）用丽蚜小蜂防治烟粉虱当每株烟草有粉虱 0.5~1 头时，每株放蜂 3~5 头，10 天放 1 次，连续放蜂 3~4 次，可基本控制其为害。

（3）药剂防治。

20% 扑虱灵可湿性粉剂 1500 倍；

70% 吡虫啉 3000 倍喷雾；

10% 烯啶虫胺 750 倍喷雾；

7.5% 吡虫啉 +2.5% 吡丙醚 750 倍喷雾；

60% 吡蚜酮 3000 倍喷雾；

22.4% 螺虫乙酯 1500 倍喷雾；

四、南瓜蛀茎蛾

（一）为害特点

以幼虫危害茎秆，初孵幼虫侵入茎秆在茎秆中蛀食，受害植株生长缓慢，新叶簇生，植株矮小，严重影响植株产量（图 6-18）。

（二）防治药剂

（1）诱杀成虫。采用黑光灯、频振式杀虫灯诱杀，每公顷设 3 盏诱虫灯。

（2）药剂防治。防治幼虫必须掌握在第三龄以前，消灭于点片阶段。使用的药剂有：

图 6-18　南瓜蛀茎蛾

15% 安达（茚虫威）悬浮剂 3000 倍液；

10% 除尽（虫螨氰）乳油 3000 倍液；

25% 灭幼脲 3 号悬浮剂 1000 倍液；

2.5% 高效氯氟氢菊酯 750 倍喷雾；

5% 氯虫苯甲酰胺 1500 倍喷雾；

5% 甲维盐 1500 倍喷雾；

25% 灭幼脲 3 号悬浮剂 1500 倍液喷雾；

20% 虫酰肼 750 倍喷雾。

五、南瓜缘蝽

（一）危害特点

南瓜缘蝽是南瓜、西瓜等的重要害虫，约 15 毫米，底色黄，上有大量小黑窝故呈黑色，若虫在地下取食，成虫在杀虫药难以穿入的植物部位刺

图 6-19　南瓜缘蝽

取汁液，因而防治困难。以成虫越冬。春季在瓜苗上产卵块（图6-19）。

（二）防治药剂

2.5%高效氯氟氢菊酯750倍喷雾；
70%吡虫啉3000倍喷雾；
1.8%阿维菌素750~1000倍喷雾；
40%丙溴磷600倍喷雾。

六、美洲斑潜蝇

常见有南美斑潜蝇和美洲斑潜蝇，属双翅目潜蝇科。

（一）为害特点

成虫吸食叶片汁液，造成近圆形刻点状凹陷。幼虫在叶片的上下表皮之间蛀食，造成曲曲弯弯的隧道，隧道相互交叉，逐渐连成一片，导致叶片光合能力锐减，过早脱落或枯死（图6-20）。

图6-20　南美斑潜蝇危害症状

南美斑潜蝇的寄主有豆类、葫芦科、菊科、十字花科、马铃薯、小麦、大麦、芹菜、菠菜、香石竹等花卉和药用植物及烟草等。与美洲斑潜蝇不同，该虫严重为害芹菜，一般不为害或很少为害茄科的番茄、辣椒和茄子等。

成虫用产卵器把卵产在叶中，孵化后的幼虫在叶片上、下表皮之间潜食叶肉，嗜食中肋、叶脉，食叶成透明空斑，造成幼苗枯死，破坏性极大。该虫幼虫常沿叶脉形成潜道，幼虫还取食叶片下层的海绵组织，从叶面看潜道常不完整，初期呈蛇形隧道，但后期形成虫斑，别于美洲斑潜蝇。成虫产卵取食时造成伤斑，使植物叶片的叶绿素细胞和叶片组织受到破坏，受害严重时，叶片失绿变成白色。

（二）形态特征

南美斑潜蝇成虫：体长 1.7~2.25 毫米。美洲斑潜蝇成虫是 2.0~2.5 毫米的蝇子，背黑色（图 6-21）。

（三）发生规律

图 6-21 南美斑潜蝇

斑潜蝇适温为 22℃，最高气温低于 30℃有利于其发生，当气温升至 35℃以上时，虫量迅速下降。

斑潜蝇的成虫主要在白天活动，通过黄板诱集，从 8：00-20：00 的诱虫量是全天总虫量的 75%；而在白天，成虫则以 8：00 - 10：00 和 16：00 - 18：00 最为活跃，因而喷药防治最好选择在上午活跃时进行。

（四）防治方法

（1）控制虫源。在温室或棚室中，豆类蔬菜应与南美斑潜蝇不喜食的寄主植物，如辣椒、番茄、茄子等间作，一定不要与芹菜、茼蒿、瓜类间作。在露地豆类蔬菜种植区，周围不应有芹菜或瓜类。

（2）诱杀成虫。在温室或大棚中，可采用黄板诱杀，在成虫发生始盛期至末期，每亩设置 15 个诱杀点，每点放置 1 张黄板，每 3~4 天更换一次。

（3）喷药防治。

①在发生的早期应使用消灭幼虫的药剂，常用的药剂有：

1.8% 阿维菌素乳油 4000 倍液；

50% 杀螟丹（巴丹）可湿性粉剂 1500 倍液；

48% 乐斯本（毒死蜱）乳油 1000 倍液；

25% 灭幼脲 3 号悬浮剂 1500 倍液；

50% 灭蝇胺 1500 倍。

②消灭成虫可使用：

40% 绿菜宝乳油 1500 倍液；

10% 氯氰菊酯或 5% 高效氯氰菊酯乳油 1000 倍液。

七、二十八星瓢虫

图 6-22 二十八星瓢虫为害症状

（一）为害特点

主要为害茄子、番茄，也为害瓜类和豆类蔬菜。成虫和幼虫在叶背面剥食叶肉，形成许多独特的不规则的半透明的细凹纹，有时也会将叶吃成空洞或仅留叶脉。严重时整株死亡。被害果实常开裂，内部组织僵硬且有苦味，产量和品质下降（图 6-22）。

（二）形态特征

成虫体长 7~8 毫米，半球形，赤褐色，体表密生黄褐色细毛。幼虫体长约 9 毫米，淡黄褐色，长椭圆状，背面隆起，各节具黑色枝刺。蛹长约 6 毫米，椭圆形，淡黄色，背面有稀疏细毛及黑色斑纹。

图 6-23 二十八星瓢虫

（三）生活习性

我国东部，甘肃、四川以东，浙江、江苏以北均有发生。该虫在华北 1 年发生 2 代，江南地区 4 代，以成虫群集越冬。成虫假死性强，并可分泌黄色粘液。卵产于苗基部叶背，20~30 粒靠近在一起。越冬代每头雌虫可产卵 400 粒左右，第一代每头雌虫可产卵 240 粒左右。第一代卵期约 6 天，第二代约 5 天。幼虫夜间孵化，共 4 龄，2 龄后分散为害。

（四）防治方法

（1）人工捕捉杀成虫。利用成虫假死习性，用盆承接，拍打植株使之坠落了；消灭植株残体、杂草等处的越冬虫源；人工摘除卵块，此虫产卵集中成群，颜色鲜艳，极易发现。

（2）药剂防治。要抓住幼虫分散前的时机施药。

20%甲氰菊酯乳油 1200 倍液；

2.5%溴氰菊酯乳油 3000 倍液；

40%丙溴磷乳油 600~800 倍液；

5%定虫隆(又名抑太保、克福隆、氟定脲)乳油 750~1500 倍液。

八、西葫芦绢野螟

（一）为害特点

幼虫为害为花、芽、茎及果实。它主要取食叶片，特别是南瓜和冬瓜的叶子，通常不吃叶脉。当没有叶子或合适的寄主时，它也会以水果的表皮为食，甚至钻蛀水果。

（二）形态特征

成虫：体长 15 毫米，翅展 23~26 毫米。白色带丝绢般闪光。头部及胸部浓墨褐色；触角灰褐色，线形，长度约与翅长相等；下唇须下侧白色，上部褐色。翅白色半透明，有金属紫光；翅基片深褐色，末端鳞片白色；前翅沿前缘及外缘各有一淡墨褐色带，翅面其余部分为白色三角形，缘毛黑褐色；后翅白色半透明有闪光，外缘有一条淡黑褐色带，缘毛黑褐色。腹部白色，第 7、第 8 腹节深黑褐色，腹部两侧各有一束黄褐色臀鳞毛丛（图 6-24）。

图 6-24　西葫芦绢野螟

卵：椭圆形，长 0.5 毫米，宽 0.3 毫米；扁平，赤黄色；各卵成鱼鳞状排列。

幼虫：老熟幼虫体长 35 毫米；体黄绿色，头部黑色，体背有两条白线，亚背线和气门上线有暗褐色条斑。

蛹：长 15 毫米，绿色，背面有黑褐色斑纹。

（三）生活习性

该虫一年发生 4~5 代；以老熟幼虫在枯卷叶片中越冬；翌春 5 月成虫羽化。该虫世代不整齐，在每年 7－9 月间，成虫、卵、幼虫和蛹同时存在。10 月以后吐丝结茧越冬。成虫白天不活动，多栖息在叶丛、杂草间，夜间活动，有较强的趋光性；卵产在寄主叶片背面，散产或几粒聚在一起；初孵幼虫先在叶背取食叶肉，被害部呈灰白色斑；幼虫老熟后，即在卷叶中化蛹。

（四）防治方法

（1）诱杀成虫。采用黑光灯、频振式杀虫灯诱杀，每公顷设 3 盏诱虫灯；

（2）药剂防治。防治幼虫必须掌握在第三龄以前，消灭于点片阶段。使用的药剂有：

15% 安达（茚虫威）悬浮剂 3000 倍液；

10% 除尽（虫螨氰）乳油 3000 倍液；

25% 灭幼脲 3 号悬浮剂 1000 倍液；

2.5% 高效氯氟氢菊酯 750 倍喷雾；

5% 氯虫苯甲酰胺 1500 倍喷雾；

5% 甲维盐 1500 倍喷雾；

25% 灭幼脲 3 号悬浮剂 1500 倍液喷雾；

20% 虫酰肼 750 倍喷雾。

九、条纹瓜叶甲

（一）为害特点

寄主：西瓜、黄瓜、西葫芦、南瓜等葫芦科植物，另外还危害豆类植物及玉米。

成虫全年以葫芦的叶子和茎为食。它们通常围绕茎啃咬植物幼嫩的枝条。随着植物的生长，它们也危害植物的花朵，并啃咬果实，在果实上留下疤痕。幼虫只害菜根，蛀食根皮，咬断须根，使叶片萎蔫枯死（图6-25）。

（二）防治方法

（1）农业防治。在瓜秧根部附近覆一层麦壳、草木灰、锯末、谷糠等，可防止成虫产卵，减轻为害。播种前深耕晒土，消灭部分蛹。

（2）药剂防治。

敌杀死（2.5%溴氰菊酯）1 500~3 000倍喷雾；

辛硫磷、毒死蜱类1000倍灌根；

氯虫苯甲酰胺5% 1500倍喷雾；

甲维盐5%1500倍喷雾。

图6-25　条纹瓜叶甲

第三节　西葫芦畸形瓜产生的原因及防治措施

一、症状

西葫芦畸形瓜有很多的表现形式包括蜂腰瓜、尖嘴瓜、大肚瓜、弯曲瓜等

（1）蜂腰瓜。瓜条中部多处缢缩，状如蜂腰，又如系了多条腰带。将蜂腰瓜纵切开，常会发现变细部分果肉已龟裂，果实变脆。

病因：雌花授粉不完全，或受精后植株干物质合成量少，营养物质分配不均匀而造成蜂腰瓜。在高温干燥时期，植株生长势减弱易出现蜂腰瓜。缺硼也会导致蜂腰瓜。同时生育波动时也易出现蜂腰瓜。

（2）尖嘴瓜。瓜条从中部到顶部膨大伸长受到限制，顶部较尖，

图6-26　尖嘴瓜

瓜条短（图6-26）。

病因：养分供应不足，在瓜的发育前期温度高，或根系受伤，或肥水不足，导致养分、水分吸收受阻。

（3）大肚瓜。西葫芦果实中部或顶部异常膨大。

病因：虽然已经授粉，但果实受精不完全，仅仅在先端形成种子，由于种子发育过程中会产生生长素，从而吸引较多的养分运输至该处，所以先端果肉组织优先发育，特别肥大，最终形成大肚瓜。养分不足，供水不均，植株生长势衰弱时，极易形成大肚瓜。在缺钾的情况下更易形成大肚瓜。

（4）弯曲瓜。是指弯曲果实（图6-27）。

图6-27　弯曲瓜

病因：主要是由于叶片中制造的同化物质不能顺利的流入果实中而引起的。

①摘叶过多会很快引起曲果。

②结果过多，叶的同化作用减弱也会引起曲果。

二、防治方法

（1）调节生长环境，促进花芽分化和授粉。

（2）平衡营养供应，避免植株生长过旺或过弱。

（3）合理施肥，平衡补充植株需求。

第四节　西葫芦化瓜产生的原因及防治措施

一、西葫芦化瓜产生的原因

（一）品种选择不当

选对品种是西葫芦种植成功的前提，品种要根据栽培的具体条件来定，如果栽培条件不具备栽培品种的要求，就必然不能正常生长，比如，把适合在露地栽培的西葫芦品种种到了棚室中就会出现不适应的情况，容易使西葫芦的化瓜率上升。所以品种的选择对于西葫芦栽培获得高产非常重要。

（二）栽培过密

许多种植户为了提高产量，过量增加栽培密度，这样会造成植株地下部的根系会争夺土壤中的养分，而地上部的茎叶会竞争空间，会出现徒长、叶片重叠、田间密度、通风透光不良，在这种情况下，营养生长与生殖生长也随之出现了不协调，导致生殖生长受到了抑制，化瓜的可能性就大大增加了。

（三）温度不当

西葫芦喜温而不耐寒，同时要求昼夜温差大，才能满足生长发育的要求。西葫芦正常生长的适宜温度范围是 15~29℃，晴天午后，棚室内的温度也可以超过 40℃，这时如果没有进行及时通风降温，叶片光合作用就会停止，蒸腾作用加剧，导致西葫芦化瓜数量增加；棚室内的温度晚上如果过高，由于植株夜间不能进行光合作用，就会增强植株的呼吸作用、消耗大量养分、对子房发育不利也容易引起化瓜；同样夜间低温对西葫芦的坐瓜也有影响，在西葫芦进入花期后，如果棚室内温度低于 15℃时，西葫芦的开花坐果就会受到明显的影响。

（四）肥水供应不当

肥水供应不当也是造成化瓜的一个原因，肥水供应不当包括两个方面：一是指肥水不足，二是肥水供应过剩。西葫芦在开花时经历从营养生长到生殖生长的转变阶段，子房膨大形成果实的过程，营养需求量最大，如果这时施肥水平达不到要求，就很容易导致西葫芦营养供应不充足，花不能正常开放，化瓜的几率自然就会大增了。肥料供应过量，植株容易形成徒长，造成营养生长和生殖生长失去平衡，影响花的发育而出现化瓜。另外西葫芦既不耐旱也不耐涝，浇水过勤导致土壤湿度过大，使得土壤通透性降低，影响了根部的正常呼吸，使根系对养分的吸收受到了抑制，最终也会引起化瓜。

（五）棚室光照不足

棚室中光照不足也是引起西葫芦化瓜的一个不可忽视的原因，尤其是在冬天栽培时，光照时间本来就短，而这时为了防寒保温，保温被还要揭的迟盖的早，这样就会造成光照时间减少，影响光合作用，增加化瓜率。遇到连阴雨天气，棚内的光照会严重不足，对花期的发育和果实的形成造成影响。

（六）病虫危害

在大棚内种植的西葫芦容易发生的虫害是蚜虫和白粉虱，蚜虫和白粉虱取食叶片的枝叶分泌粘液影响植株的光合作用，如果这两种虫害发生严重时，就可能使发生光合作用的叶片减少，出现营养供应不足的情况，这也增加了化瓜的可能性，另外，棚室中多发的霜霉病和白粉病等病害也会直接危害叶片造成叶片坏死影响光合作用而导致化瓜。

（七）采收不及时

种植中经常出现这样的现象：低节位上的瓜长的又大又端正，可是它上面的几个瓜很难坐住，这种情况就是果实成熟后没有及时采收而造成的化瓜，由于低节位的果实吸收了大量的光合产物，使后开的雌花和后接的幼瓜养分供应出现不足从而造成植株上部化瓜严重的现象。

二、西葫芦化瓜防治措施

针对造成西葫芦化瓜的原因加以解决就可以预防保护地里的西葫芦出现大量化瓜，提高产量。具体措施如下。

（一）正确选择品种

在播种前应该根据棚室的环境条件选择适合的品种，在生产中要选用株型紧凑，长势健壮，早熟，耐寒耐热能力强，耐弱光抗病的西葫芦品种，也可以根据当地的消费习惯选择适栽品种。

（二）合理密植

在种植前要了解种植品种的特征特性，根据特征特性确定合适的栽培密度，总得原则是既能比较充分地利用大棚空间又能保证通风光照和营养的供给。

（三）做好温度管理

上午的温度应该控制在 25~29℃，下午的温度应该控制在 22~25℃，光合产物从 15:00 - 16:00 开始向其他器官运输，养分运输的最适温度是 16~20℃。15℃以下停滞，所以前半夜温度应保持在 18~20℃，后半夜应把温度控制在 15~18℃的范围，在这个范围内温度越低，呼吸消耗越少，应在日落前将棚顶的覆盖物盖好，一定不能等到日落后再盖保温被。

（四）加强肥水管理

西葫芦的生长期比较长，追肥是比较重要的环节，特别是花果期的追肥，可以满足幼果继续生长对影响的大量需求，减少因为营养不足而引起的化瓜，一般在西葫芦植株上的雌花快要开放时追肥一次，这次追肥可以使用尿素和磷酸二氢钾，用量为每亩施用尿素 3~4 千克，磷酸二氢钾 5~6 千克，施肥后浇水一次，以后每隔 15 天左右追肥一次。

（五）做好光照管理

在西葫芦的开花坐果阶段，果照最好保持在每天 8：00 - 10：00，所以在保证棚内温度的前提下，晴天要尽量早揭晚盖保温被，棚膜最好采用无滴膜，并经常清除棚膜上的灰尘杂物等以提高棚膜透光率。

第七章 棚室西葫芦的采后处理、贮藏、运输和影响

第一节 采收和采后处理

一、采收

采收的优质果率是采收质量的重要指标。生产上成熟度的判别一般根据不同种类、品种及其生物学特性、生长情况，以及气候条件、栽培管理等因素综合考虑。同时，还要从调节市场供应、贮藏、运输和加工需要、劳力安排等多方面确定适宜采收期。一般西葫芦是以瓜成熟后从下往上采收上市的蔬菜，采收时期是否合适直接影响到果实商品品质和价格。

根瓜应当适当提早采摘，防止坠秧。西葫芦主要以嫩瓜为商品，一般在幼瓜长到200~400克时即可采收，不超过500克为好，以确保商品瓜品质，减轻植株负担，促进后期植株生长和果实膨大。从感官上，同一品种或相似品种，成熟适度，色泽、瓜形正常，大小基本一致，新鲜，果面清洁，无腐烂、畸形、开裂、异味、灼伤、冷害、冻害、病虫害及机械伤等缺陷。也可根据当地消费习惯确定采收标准。当前期产品商品价格高时，及时采收获得好的经济效益。抓住其主要因素，判断其最适采收期，达到长期贮藏、加工和销售目的。

采收宜在上午进行，尤其在露地采收时。早上采收果实不仅含水量大、光泽度好，而且温度低、水分蒸发量小，有利于减少上市或长途运输过程中的损耗。

由于嫩瓜瓜皮鲜嫩，易于损伤影响外观，降低商品价格，采收后嫩瓜最好用纸和薄膜包裹。运输过程防止发热或受冻。贮运应符合《蔬菜安全生产关键控制技术规程》等标准。

二、分级

西葫芦基本要求：

（1）具有本品种固有的色泽和形状。

（2）瓜身完整、洁净、修整整齐（瓜柄长≤3厘米），无明显机械损伤，无空腔、畸形，无冷害、病虫害和腐烂，无异味。

（3）污染物限量、农药最大残留限量应符合GB2762、GB2763的有关规定。

根据NY/T 1837–2000《西葫芦等级规格》标准中，西葫芦分为特级、一级和二级（表）。具体标准如下。

表 西葫芦等级划分

等级	特级	一级	二级
指标	①大小均匀，外观一致，修整良好，光泽度强。②无机械损伤、病虫损伤、冻伤及畸形瓜。③瓜肉鲜嫩，种子未完全形成，瓜肉中未出现木质脉径。④长度14.5～15.5厘米，果蒂长度≤1.5厘米，直径6~7厘米	①大小基本均匀，外观基本一致，修整较好，有光泽。②无机械损伤、病虫损伤、冻伤及畸形瓜。③瓜肉鲜嫩，种子未完全形成，瓜肉中未出现木质脉径。④长度14.5~15.5厘米，果蒂长度≤1.5厘米，直径6~7厘米	①大小基本均匀，外观相似，修整一般，光泽度较弱。②机械损伤、冻伤及畸形瓜总量不能超出2%。③瓜肉较鲜嫩，种子完全形成，瓜肉中出现少量木质脉径。④长度<14.5厘米或长度>15.5厘米，果蒂长度>1.5厘米，直径<6厘米或>7厘米

第二节 贮藏与运输

一、贮藏

（一）窖藏

准备窖藏的西葫芦宜选用主蔓上第二个瓜，根瓜不宜储藏。

生长期间最好避免西葫芦直接着地，并要防止阳光暴晒。采收时谨防机械损伤，特别要禁止滚动、抛掷，否则内瓤震动受伤易导致腐烂。西葫芦采收后，宜在24~27℃条件下放置2周，使瓜皮硬化，这对成熟度较差的西葫芦尤为重要。

（二）堆藏

在空室内地面上铺好麦草，将老熟瓜瓜蒂向外、瓜顶向内依次码成圆堆形，每堆15~25个瓜，以5~6层为宜。也可装筐储藏，筐内不要装得太满，瓜筐堆放以3~4层为宜。堆码时应留出通道。储藏前期气温较高，晚上应开窗通风换气，白天关闭遮阳。气温低时关闭门窗防寒，温度保持在0℃以上。

（三）架藏

在空屋内，用竹、木或钢筋做成分层的储藏架，架底垫上草袋，将西葫芦堆在架子上，或用板条箱垫一层麦秸作为容器。此法透风散热效果比堆藏好，储藏容量大，便于检查，其他管理办法同堆藏法。

（四）嫩瓜储藏

嫩瓜应储藏在温度5~10℃及相对湿度95%的环境条件下，采收、分级、包装、运输时应轻拿轻放，不要损伤瓜皮，按级别用软纸逐个包装，放在筐内或纸箱内储藏。临时储存时要尽量放在阴凉通风处，有条件的可储存在适宜温度和湿度的冷库内。在冬季长途运输时，还要用棉被和塑料布密封覆盖，以防冻伤。一般可储藏2周。

（五）建造冷库保鲜

西葫芦在冷库内储存，温度应在5~10℃，相对湿度95%的环境条件下最为适宜，过高的温度容易腐坏，过低的温度易造成冷害，因此要选择合适的温度进行贮存。

二、包装和运输

（一）包装材料

包装材料应无毒、清洁、干燥、牢固、无污染、无异味，具有一定的通透性、防潮性和抗压性，宜便于取材及回收处理。包装容器宜选用塑料周转箱、瓦楞纸箱和保鲜袋等，塑料周转箱应符合 GB/T5737 的规定，瓦楞纸箱应符合 GB/T6543 的规定，保鲜袋以及内衬塑料保鲜袋材质应符合 GB9687 和 GB/T4456 的规定。

（二）包装方法

采收后的西葫芦应在清洁、阴凉、通风的环境中，挑选符合等级指标的西葫芦分别进行包装。西葫芦包装前宜预冷，使西葫芦快速降温至 13℃。单个西葫芦可用网套或干净、柔软、吸水的纸张单独包装。塑料周转箱和纸箱包装时，可在包装箱内加衬塑料薄膜、保险袋等，摆放整齐。包装量应适度；用保险袋包装应排列整齐，松扎带口。同一包装内西葫芦的品种、产地、采收日期、等级应一致；包装内西葫芦的可视部分，应具有整个包装西葫芦的代表性。

（三）运输

运输是西葫芦产销过程中重要的环节，目前我国蔬菜物流发展迅速，除了之前经常采用的卡车或者货车运输，已经大力发展了冷链流通系统。蔬菜冷链物流是指蔬菜从采收到食用加工的整个物流链始终处于规定的、生理需要的低温条件，冷链物流是保持蔬菜采后品质、提高蔬菜物流质量、降低物流损耗最有效、最安全的方法。运输工具应清洁、卫生、无污染、无杂物，具有防晒、防雨、通风、控温和控湿措施。装载时西葫芦的包装箱或包装袋应合理摆放、稳固、通风、防止挤压。装、卸载时应轻装、轻卸，采用平托盘装卸载时，应有保护措施。西葫芦运输过程中的温度和湿度应与贮存条件相同，并不宜与易产生乙烯的果蔬混运。

（四）全国重要蔬菜批发市场

1. 山东寿光蔬菜批发市场

始建于 1984 年 3 月，现已迁建，以规模大、档次高、品种全闻名全国。市场规划占地面积近千亩，年成交蔬菜近百亿千克，交易 100 多亿元。市场交易品种齐全，南果北菜，四季常鲜，年上市蔬菜品种 300 多个，全国 20 多个省、市、自治区的蔬菜来此大量交易，是中国最大的蔬菜集散中心、价格形成中心、信息交流中心和物流配送中心。

2. 北京新发地农产品批发市场

北京市交易规模最大的农产品专业批发市场，在全国同类市场中也具有很大的影响力。市场现占地面积 1200 多亩，总建筑面积近 30 万平方米，有管理人员 1736 名（其中保安员 400 多名），总资产 11.8 亿元。该农产品批发市场 是一处以蔬菜、果品、肉类批发为龙头的国家级农产品中心批发市场。

3. 金华农产品批发市场

金华农产品批发市场 2001 年 9 月 28 日开业，其前身为建立于 1990 年的金华市果菜批发市场。该市场由金华市供销社投资建设，是全国"菜篮子"工程项目，为农业部定点农产品批发市场、全国十大果品批发市场、全国优秀果品批发市场、浙江省农业龙头企业、省重点农产品批发市场和省二星级文明规范市场。

4. 深圳布吉农产品中心批发市场

深圳布吉农产品中心批发市场是全国首批农业产业化龙头企业，是国家级中心批发市场和深圳市"菜蓝子"重点工程。目前中国最大的农产品集散中心、信息中心、价格指导中心和转口贸易基地。

5. 广州江南果菜批发市场

广州市最具规模的果菜批发市场，也是中国乃至东南亚地区最大的果菜集散地之一。市场占地面积达 40 万平方米，主要经营蔬菜、水果两个大类近千个品种的果蔬产品，蔬菜交易量一直稳居全国第一，蔬菜交易区占地面积 18 万平方米，拥有 500 多

家经销大户。每天的蔬菜成交量达 1000 万千克，占广州市蔬菜上市量 70%，逐步成为粤港澳果菜进出口的重要集散地。

6. 青岛城阳蔬菜水产品批发市场

青岛市重点"菜篮子工程"，是一座综合性、多功能、现代化的大型农产品批发市场。

7. 长沙红星农副产品大市场

湖南省规模最大、功能最齐全、集散能力最强、经营品种最多、配套设施最完善的农副产品大市场，2002 年被国家九部委联合评定为国家级农业产业化龙头企业。

8. 南京农副产品物流中心

南京农副产品物流中心坐落在南京市江宁区高桥门地区，为政府主导、企业化运作的特大型"菜篮子"工程。项目规划占地 3000 亩，概算投资 30 亿元，总建筑面积约 150 万平方米。园区分设展示、交易、冷藏物流配送、综合商务配套三大功能区，集农副产品检验检测、电子信息结算、食宿娱乐于一体，是一个面向中国东部地区，高集聚、强辐射、现代化的"中国长三角菜篮子中心"。

9. 合肥徽商城农产品批发市场

是安徽省"861"计划和合肥市"1346"计划重点支持项目，是安徽省重点农产品批发市场和合肥市农业产业化龙头企业，总投资 15 亿元，总占地面积 678 亩，总建筑面积约 26.6 万平方米。

参考文献

陈建芳，张雪平，岳振平．2007.棚室西葫芦常见畸形瓜及预防措施 [J].
　　长江蔬菜（11）：31.

迟照芳．2006.秋茬西葫芦育苗技术 [J].农业科技与信息（7）：12.

董旭．2016.西葫芦育种现状与发展趋势 [J].乡村科技（8）：22-23

雷逢进，王晓民，卫爱兰．2006.我国西葫芦种子市场的现状及发展趋势
　　[J].现代农业科技（4）：14-15.

毛丽萍，郭尚．2007.日光温室西葫芦秋冬茬无公害栽培技术 [J].北方
　　园艺（10）：88-89.

马静．2016.西葫芦冬季育苗技术 [N].河北科技报，2016 –01–02（004）.

汤世成，赵德营．2004.日光温室西葫芦嫁接育苗技术 [J].河南农业科
　　学（3）：43-44.

王尚文，扈保杰．2008.大棚秋冬茬西葫芦育苗技术 [J].吉林蔬菜（4）：35.

武彦荣．2011.大棚早春茬西葫芦育苗技术要点 [N].河北科技报，2011-
　　01–25 （B05）.

王秋，王成云，牟岩松．2015.棚室西葫芦早熟绿色栽培技术 [J].现代农
　　业科技（12）87–88.

王彩芬，王秋涛．2008.秋季地膜西葫芦高产高效栽培技术 [J].上海蔬菜
　　（3）：37.

王跃华．2006.无公害秋季西葫芦高产栽培技术 [J].农业科技通讯（7）：43.

杨柳，白兴华．2013.西葫芦秋冬茬高效生产技术 [J].现代农业（12）：9.

赵丽丽，刘爱群，赵越，等．2013.塑料大棚春茬西葫芦栽培技术 [J].
　　北方园艺（23）：63–64.